地球温暖化は解決できるのか

—パリ協定から未来へ！

小西雅子 著

岩波ジュニア新書 837

はじめに

日本でも真夏には35度を超えるような猛暑の日が当たり前になりました。さらにこれから暑い日がもっと増えてくると予想されています。もちろん猛暑の夏だけではなく、ザーと集中して降る豪雨も増えてきました。これらの異常気象は、地球が温暖化している影響も関わって、より多くみられるようになっています。もちろん一つ一つの異常気象を地球温暖化の影響ということはできませんが、これからさらに温暖化が進むので、もっとこういった異常気象が増え、激しくなると予測されているのです。

「えっ？ これからも温暖化は進んでしまうの？」と疑問に思われたあなた、実は地球温暖化することは〝もはや防ぐことはできない〟のです。私たちの今の暮らし方は、温暖化の原因になる二酸化炭素を排出することが当たり前になっているからです。この暮らしが続けられてきた結果、過去130年に地球の平均気温は0・85度上昇しました。これからさらに気温上昇が加速していきます。私たちに残されている選択は、「気温はこれからも上がってしまう。しかしその気温上昇をどのレベルで抑えることができるか?」。つまり、温暖化を防止するのではなく、温暖化をどのレベルで〝抑える〟のか、という選択肢だけなのです。

実は温暖化対策をとらないでいると、地球の平均気温は100年後に4度程度も上がっていってしまうと予測されています。しかしこれから世界が協力して強力な温暖化対策をとっていくならば、気温上昇を2度未満に抑えることが可能だと科学の報告書で示されています。その道は容易ではありませんが、不可能ではありません。つまり私たちの前には2つの道があるのです。このまま追加の温暖化対策をとらずにいて4度上昇する世界を招くのか、それとも困難だけど世界の国々が協力して気温上昇を2度程度までに抑えて、人類がなんとか温暖化と共存できるような世界にするのか?　その選択はたった今の私たちの手の中にあります。

果たして私たちはその選択をすることができるのでしょうか?　今の地球上には73億人が住んでいます。そのうちの14億人はいまだ電気もなく、貧困や飢餓(きが)に苦しんでいます。その一方で、日本やアメリカ、ヨーロッパのように豊かな暮らしをしている先進国もあります。今の世界では豊かな暮らしは、温暖化を進めてしまうことを意味します。貧困に苦しむ人たちも、いずれは豊かな生活をしたい、その思いは当然です。しかし２０５０年には人口は97億人にも達すると予測される中、果たして世界に約２００か国ある国々は協力して温暖化対策を進めていけるのでしょうか？

私はＷＷＦ（世界自然保護基金）という国際環境ＮＧＯに所属し、地球温暖化とエネルギー問題を担当する専門官です。ＮＧＯとは、非政府組織のことで、１つの国の利益だけを考えるのではなく、地球全体のことを考えて活動する団体です。ＷＷＦは世界１００か国で活動する国際ＮＧＯで、世界レベルの環境問題である地球温暖化や森林保全、海洋資源保全など様々な自然保護活動に従事しています。環境問題というのはどうしても経済に比べておろそかにされ、しかも世界約２００か国がお互いに自分の国の利益ばかりを主張しがちで、なかなか世界全体で環境保全に取り組むという合意がまとまりません。私たちも絶望的な気分になる時があるのですが、世界の仲間たちとお互いに励まし合って環境保全を訴え続けています。

そんな私たちＮＧＯを含めて世界２００か国が一気に明るく希望を持てる出来事が２０１５年末にありました！　フランス・パリで行われた地球温暖化の国連会議ＣＯＰ21で、21世紀後半には温室効果ガス(二酸化炭素など大気を温めるガス)の排出を実質ゼロにすることを目標とする協定「パリ協定」が合意されたのです！　これは本当に歴史的な合意で、奇跡的とも思える出来事でした。パリ協定が成立した瞬間には、会議を主催したフランスの議長をはじめ、国連の関係者、世界200か国から集まった3万人の政府代表や私たちNGO、研究者、メディアは飛び上がって喜びました。特に中心的な役割を果たした欧州連合(EU)や中国・アメリカの代表団がお互いに抱き合って健闘をたたえる姿は本当に感動的でした。

このパリ協定で世界各国が約束した内容をきちんと実施していくならば、私たちは地球温暖化を抑える道を開くことが出来ます。ただし地球上のすべての人による、多くの努力が必要です。果たして世界各国は温室効果ガスをまったく出さない社会へ変わっていくことができるのか、勝負はこれからです。その間にも温暖化は深刻化する一方であり、すでに世界各地に異常気象や海面上昇など多大なる影響が現れています。こういった温暖化の悪影響と共存していく道も見つけなければなりません。人類はいずれにしてもこれから地球温暖化とつきあっていくしかないのです。ならば相手をよく知ろうじゃありませんか！　この本で私と一緒に地球温暖化の現状を知り、その対策をめぐる国際交渉を学んで、これからを考える旅に出ましょう！

注：地球温暖化問題は、科学から政治、経済と多岐の領域にわたり、しかもエネルギー問題でもあるため、非常に複雑で全体像がわかりにくくなっています。しかし温暖化問題の解決のためには、全体像を理解してこそ、それぞれの分野における削減対策などを開発・実施していく意欲が増すと私は信じています。そこで、この本では〝温暖化問題の全体像〟を見通せることを第1の目的としました。特に日本であまり知られていない温暖化の国際交渉を中心としています。複雑に絡みあう内容をわかりやすくするために、それぞれかなり単純化して書いているので、くわしくはぜひ巻末のお勧め文献などを参照して、理解を深めていただければ幸いです。

目　次

第 1 章

グローバルな環境問題
である地球温暖化の科学

第1節　持続可能な開発と環境問題

人口の急増と持続可能な開発

原始の時代から、私たち人類は自然環境を活用して生活してきました。しかし18世紀半ばから19世紀にかけての産業革命以降、世界の人口は急激に増えて、1850年には約12億人だった人口は、2011年には70億人を超えました。同じ期間に経済も発展して、世界の総国内総生産（GDP）は、1850年の約1兆ドル（約110兆円）から2011年には約70倍も伸びて約70兆ドル（約7700兆円）になっています。地球上に繁栄する人類ですが、これだけの人口が食料や水を得て、十分な暮らしをしているのでしょうか?

実は世界銀行によると、現在世界で生産されている食料はこれだけの人口を養うのに十分な量があるそうです。しかし実際には、収入が1日1.9ドル（約220円）以下しかない極度の貧困に苦しむ人たちが7億人もいて、飢餓に瀕（ひん）しています。世界には現在約200か国ありますが、そのうち日本やアメリカ・ヨーロッパ諸国のように所得が高く、経済が発展してい

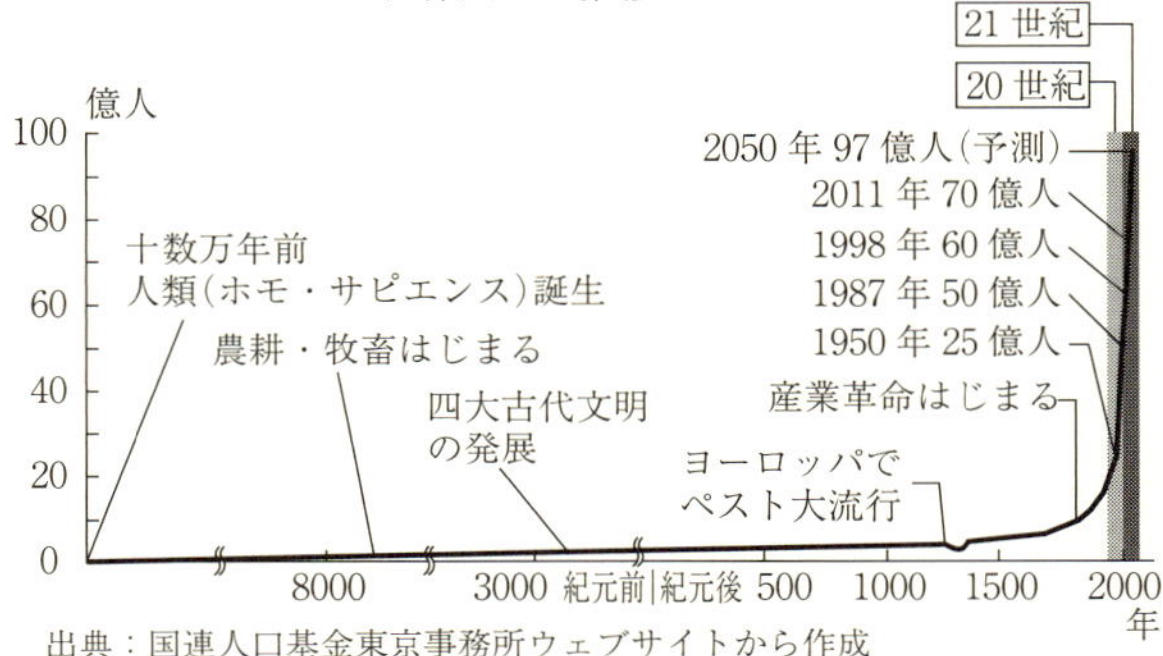

る国々、つまり先進国は約30か国にすぎません。最も開発が遅れている途上国(国民1人当たりの年間の所得が1000ドル(約11万円)以下)が約30か国あり、さらに年間所得1万2000ドル(約130万円)以下の国が約100か国あります。つまり世界の国々の間には、大いなる貧富の差があって、非常に裕福な人々は一握りしかいないのです。残りは経済発展の途上であり、そのうち極端な貧困に苦しむ人口が世界人口の1割にも上るということになります。

貧困に苦しむ人たちは、食料が十分にないだけではなく、栄養失調で健康も害しており、病気になっても医療も受けられません。教育を受けることも出来ず、字も読めない人口は世界で8億人にも達しています。

これらのすべての人が、飢餓に苦しむことのない文化的な生活を望むのは当然のことなので、どの国も必死で経済活動を推進し、所得を伸ばし、開発を進めようとまい進しています。

また、爆発的な人口の増加に伴って、食糧生産や産業活動のために森林が切り払われ、木材・紙などの森林資源や漁業資源が過剰に採られるようになりました。人類が地球環境にかける負担が急激に増したのです。さらに18世紀から始まった産業革命以降、人類は石油や石炭などの化石燃料をエネルギー資源として使って、電気を作ったり、車を走らせたり、鉄鋼生産などの産業活動をするようになりました。こういった人間活動が地球へ与える負荷を調査しているWWFの報告「生きている地球レポート2014年版」によると、人類は現在の地球の持つ生産力の1.5倍を消費しているといいます。これはいわば利息の範囲をはるかに超えて、あらゆる生産力の源である地球環境の「元金」に手をつけている状態です。このまま急増する人類が経済発展だけを追求していくならば、人類の生活を支える地球環境そのものが危うくなってしまいます。

このため「持続可能な開発」という概念が生まれました。これは「現代の世代が、将来の世代の利益を損なわない範囲内で環境を利用し、要求を満たしていこう」という考え方です。

つまり、世界の人々が貧困を克服して文化的な生活をできるように、開発は進めていくけれども、その開発は地球の生産力の範囲に収めて持続可能なものにしていこう、ということです。その理念は、環境と開発をお互いに共存できるものとしてとらえています。１９９２年にブラジルのリオデジャネイロで開催された国連環境開発会議で、この「持続可能な開発」を目指していこうと合意されたのです。

環境問題は地域的な問題からグローバルな問題に広がった

急激な人口増加と経済発展によって引き起こされた地球環境問題は、「地域的な環境問題」から次第に「グローバルな環境問題」へと広がりました。まずは18世紀の産業革命によって工業化が進んだ先進国では、工場などから有害な物質がまき散らされ、大気の汚染や水の汚染が問題となりました。こういった大気や水の汚染は、その地域に住む住民の健康や環境に大きな被害をもたらしたため、地域の中で環境対策が行われるようになりました。有害な物質を出す工場やその所有会社が加害者として責任を問われ、地域住民の要求で対策を行わざるを得なくなったのです。さらに工業化が進むにつれて、大規模な工場などからの汚染物質は、国境を越えて広がるようになりました。有害物質によって雨が酸性化して森林を枯らすなど、国を超えた環境問題を巻き起こすようになったのです。特に欧州では早くから酸性雨による森林被害が起きました。そこで国を超えた環境対策が必要となり、１９７９年には歴史上初めての越境大気汚染に関する国際条約「長距離越境大気汚染条約」が欧州経済委員会において締結されたのです。

１９８０年代からは、フロンによるオゾン層破壊の問題が表面化しました。フロンとは冷蔵庫の冷媒やヘアスプレーなどに使われた物質ですが、大気中に放出されると、地球大気の上層にあるオゾン層を破壊していくことがわかったのです。オゾン層とは太陽から降り注ぐ有害な紫外線を吸収して人が住める地球を作ってくれる大事なものであったため、その破壊の影響は地球全体に及びました。フロンは地球上のどこで排出されてもその影響は世界中に及ぶため、フロン問題は初めて全世界が協調して取り組むべきグローバルな地球環境問題として認識されました。このときはフロンが元々自然界では存在しない人工的な物質であったため、作っている産業が特定できました。原因を作った加害者が明白であり、しかもフロンの代替物質も同じ産業が手掛けることが可能であったため、比較的簡単にフロンの排出を抑える国際協定を結ぶことが可能となりました。1987年にカナダで「オゾン層を破壊する物質に関する議定書（モントリオール議定書）」が採択され、問題は解決に向かっています。同じ1980年代から、地球温暖化問題が徐々に認識されてきました。温暖化は石油や石炭などの化石燃料の使用に伴って排出される二酸化炭素が原因ということで、世界のどこで排出されても影響は世界全体に及ぶので、フロンと同じグローバルな地球環境問題です。しかし温暖化問題の場合は、電力などのエネルギーを作りだす化石燃料によって引き起こされるため、加害者はいわば経済活動を行う社会全体に及びます。簡単に言えば、エネルギーを使うならば、私たち全員が加害者なのです。このため、限られた一部の企業だけがかかわっていたフロンの場合とは異なり、温暖化を食い止めるためには世界全体の協調が必要となりました。しかし温暖化への対策をとることは、経済活動そのものに影響を及ぼすことになるため、どの国も温暖化対策のためとはいえ、自国の経済活動に制限がかかることを嫌います。「地球温暖化は抑えたい、しかし自分の国の産業に制限がかかることは嫌だ」ということで、世界的に協調して温暖化対策を行おうという国際合意は困難を極めるのです。

果たして人類は2050年には97億人に達するような人口を養いながら、持続可能な開発を進めて、地球温暖化を抑えることができるのでしょうか？　この本では、地球温暖化が本当に起きているのか、どんな未来が予想されるのか、解決の方法はあるのかなど、温暖化の科学を見ていった後に、対策を巡る世界の国際交渉の現状を見ていきます。あなたも地球温暖化を抑えることができるのか、一緒に考えながら、読み進めてください！

第2節　地球温暖化の科学と影響

上がり続ける世界と日本の平均気温：東京都が宮崎県に？

年末になると毎年のように「気象観測が始まって以来、最も平均気温が高い年となった」というニュースを耳にしませんか？　実際に毎年のように記録を塗り替えており、２０１５年も世界全体で過去最高の気温を記録しました。過去１３０年で世界の平均気温は0・85度上昇しています。0・85度なんてたいした上昇ではないと思われるかもしれませんが、これは世界各地での平均なので、地域によってはもっと上がっています。たとえばヒマラヤ山脈など標高の高いところや、北極などの極地方では世界平均の2倍以上も気温が上昇しています。日本は北緯30度くらいとやや高い緯度にあるので、世界平均よりも上がっており、過去100年で平均気温が約1.3度上昇しました。これはたとえて言うならば、東京都が宮崎県の気候になるような変化なのです。しかも近年になるほど、気温上昇の速度は上がっています。つまり地球温暖化はどんどん加速しているのです。

ちなみに今から1万5000年前の氷期の平均気温は、現在の平均気温よりもたった4度から7度低かっただけであることがわかっています。つまり平均気温が5度違うならば氷期になるような大きな変化を地球上にもたらすのです。しかもこれは1万年以上もかかって変化したものですが、現在はたった100年間で平均気温を1度も上昇させるような変化を地球上に発生させています。これは多くの生物が順応していけないような急激な環境の変化です。そのため、温暖化の影響はすでに世界中の至る所に現れています。

地球温暖化による日本と世界への影響

日本では過去100年で平均気温が1.3度上昇し、夏には30度を超える真夏日や、35度以上の日も珍しくなくなりました。気象庁では、今まで25度以上の日を「夏日」、30度以上の日を「真夏日」と呼んでいましたが、あまりにも35度以上の日が当たり前となったので、２００７年に35度以上の日を「猛暑日」と新しく名付けたほどです。夏の夜も暑くなっており、25度以下には下がらない熱帯夜が増加しています。猛暑や熱帯夜の増加に伴って、熱中症になる人も急増しており、２０１０年には救急車で搬送(はんそう)される熱中症患者が全国で５万人を超え、１７００人も亡くなりました。熱中症と言えば、夏の炎天下に戸外で運動したりしたときにかかる、と思っている方が多いかもしれませんが、実は家の中で発生しているケースが３分の１を占めるのです。特に65歳以上では、半数以上が家の中で熱中症になっています。しかも真夏だけではなく、初夏から秋まで発生しています。このまま温暖化が進むと、日本で真夏日を記録する日が１００日程度にまで増えると予測されているので、熱中症による死亡者はもっと増えてしまうでしょう。猛暑や洪水の増加、それに伴う農業や林業・漁業などへの影響はさらに深刻化していくと予測されます。温暖化はもはや遠い将来の話ではなく、私たちの生活のすぐ傍まで迫っている危機であり、今までとは違った新たな防災対策や対応が必要となっているのです。

世界に目を転じると、日本よりももっと深刻な影響や被害が出ているところが多くあります。北極の海氷は年々溶けて縮小しており、２０１２年9月には過去最少記録を塗り替えています。ヒマラヤ山脈の氷河も年々縮小しており、大量の雪解け水が山脈の谷にたまって湖(氷河湖)を形成しています。あまりにも水がたまった氷河湖は時に決壊して、土石流となってふもとにある村を襲います。ネパールなどヒマラヤ山脈の山麓に位置する国では、たびたび土石流の被害にあって苦しめられているのです。また、ヒマラヤ山脈の氷河はガンジス川などの国際河川の重要な水源の1つであり、その流域には10億人が暮らしています。氷河が縮小していくことによって水源不足となり、近い将来に数億人が水不足に直面するだろうと予測されています。温暖化の影響というのは、開発の遅れた途上国ほど深刻で、たとえば南太平洋の島国では、海面上昇によって陸地が削られ、住む家をなくす住民も現実に出てきています。写真は南太平洋にあるキリバス共和国の島の様子です。１９９５年には1つの島だったものが２００２年には標高の低いところが海面に沈んでしまい、２つの島に分裂してしまいました。もちろん温暖化の影響は途上国だけではなく、先進国においても顕在化しています。２００３年にはヨーロッパで異常に暑い夏となり、熱中症などで約2万人も亡くなりました。これら温暖化による被害は、すでに飢餓や貧困に苦しむ低開発地域においては、地域紛争を激化させる要因ともなり、テロの温床となるような事態も招いています。地球温暖化は、もはや安全保障を脅かすような深刻なリスクなのです。

キリバス共和国・デケーティク島1995年と2002年の衛星画像

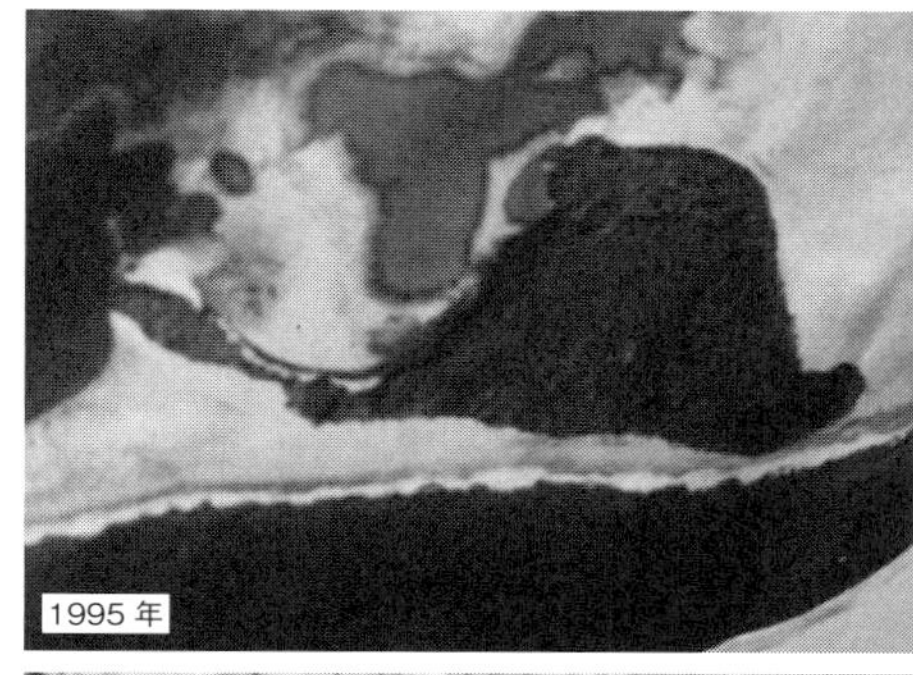

左側の半島が海面上昇と海岸浸食によって切り離されてしまった.

©The Nature Conservancy Micronesia Field Office

そもそも化石燃料を使うことによってなぜ温暖化が起きるのか？

温暖化は、人間が産業革命以降ずっと排出し続けてきた温室効果ガスの影響によって引き起こされていることは、今や世界中の地球温暖化を研究する科学者たちが認めているところです。温室効果ガスとは、大気を温めるガスのことで、二酸化炭素、メタン、一酸化二窒素、フロンガスなどの様々な種類がありますが、代表的なものは二酸化炭素です。その二酸化炭素はなぜ増えたのでしょうか？

人類は、イギリスなどヨーロッパを中心に18世紀半ばごろから、石炭を燃料として使ってエネルギーを作りだし、工業化を進めました。たとえば石炭を燃焼させて蒸気を作り、その蒸気で工場の機械を動かしたり、蒸気機関車を走らせたりしたのです。それによって大きな工場でたくさんの労働者を使っての大量生産が可能となり、人口が増えて、町ができ、人々の生活は一変しました。さらに19世紀後半以降は石油が使われるようになり、車を走らせ、電気を作りだし、いろいろな工業製品が作られるようになって、先進国は今日の豊かな生活を手にしました。これらの生活を支える石炭や石油、天然ガスは、化石燃料と呼ばれます。昔の動植物の死骸が地中に堆積（たいせき）して、そこで長い期間かかって加圧・加熱されてできた化石

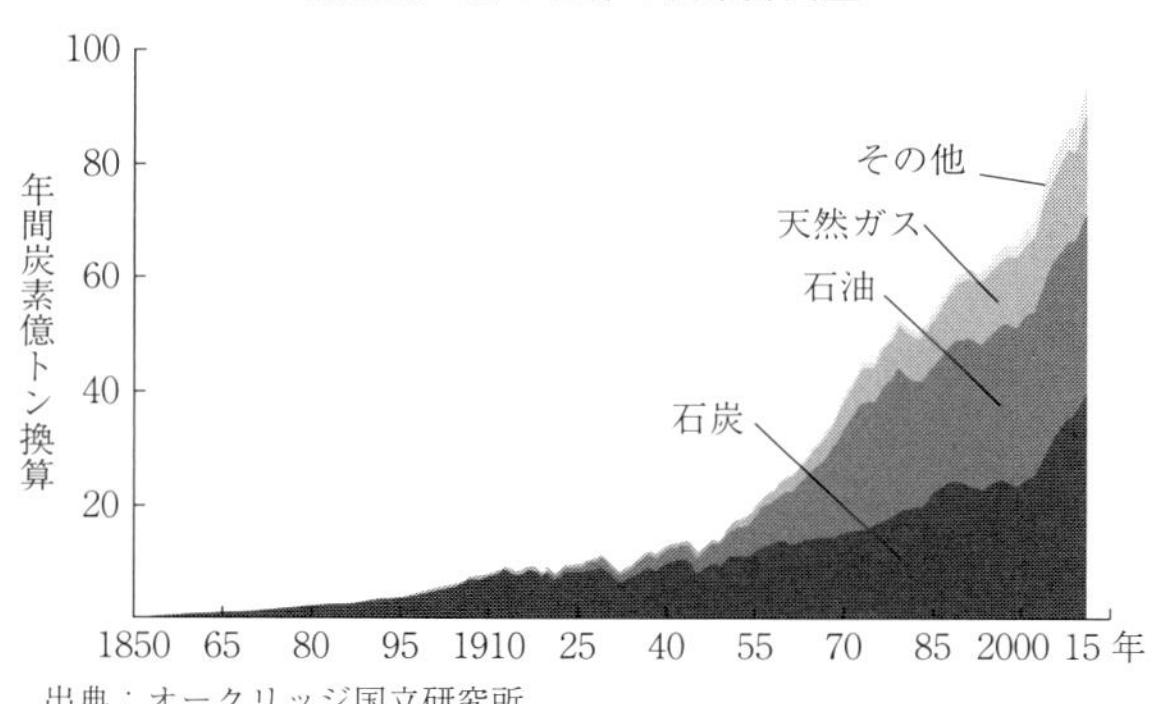

出典：オークリッジ国立研究所

であるためです。化石燃料は炭素の塊であるため、燃料としてこれらの化石燃料を燃やすと、空気中の酸素とくっついて二酸化炭素となり、大気中に出ていきます。つまり、私たちが電気を使ったり、車に乗ったり、工場で作られたものを使って暮らしている生活は、二酸化炭素を出し続けている生活なのです。二酸化炭素の排出量を見ると、１８５０年ごろ(産業革命)から、図に見るように急激に増えています。これが地球温暖化を引き起こしているのです。

この二酸化炭素をはじめとする温室効果ガスは、熱を吸収する性質があります。地球上には、太陽からの光が降り注いでおり、また地球から宇宙に向かって赤外線(熱)を放出することで、一定の温度均衡を保っています。もし大気に温室効果ガスがないな

地球温暖化の仕組み

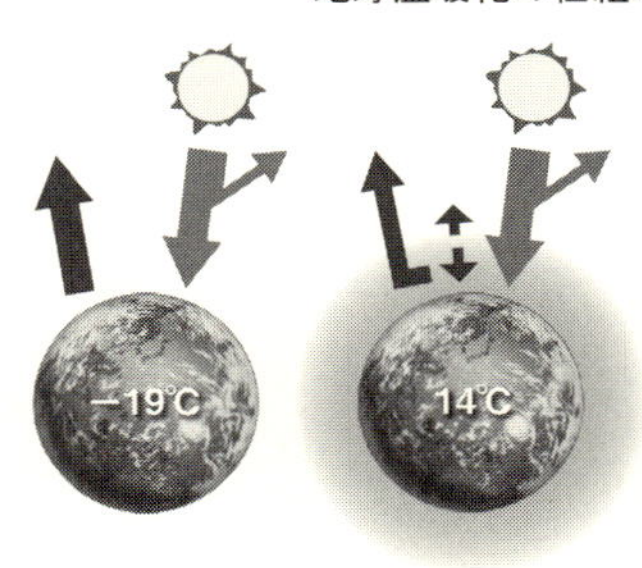

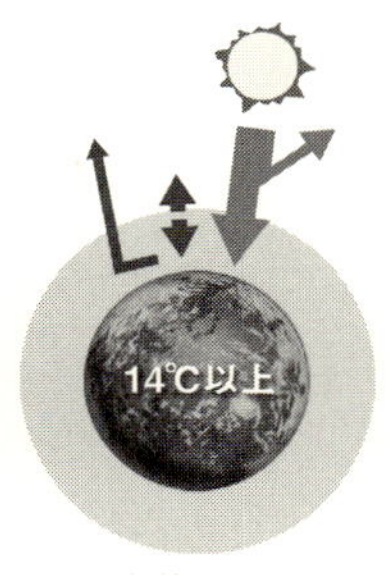

1. 温室効果ガスがなかったら　2. 温室効果ガスがあるので　3. 温室効果ガスが増えると

出典：国立環境研究所 江守正多氏提供

らば、地球の平均気温は氷点下19度であると言われており、この状態では人類が住める環境ではありません。しかし温室効果ガスがあるので熱を吸収して、一部の熱が宇宙へ逃げずに、大気中に留まって地球を暖かく保つ役割を果たしています。このおかげで地球の平均気温は14度となって、私たちが暮らせる環境ができているのです。しかし今は、人間活動によって大気中に温室効果ガスが増えすぎてしまいました。熱を吸収するガスが増えるわけですから、大気が前よりも温まってしまうのです。これが現在起きている地球温暖化の仕組みです。

温暖化は人間活動によるものかどうかの科学的論争

本当に地球温暖化は、人間活動による温室効果ガスの増加によって引き起こされているのでしょうか？　１９８０年代から、人間活動による効果なのか、それとも自然界のサイクルであるかの論争が激しく巻き起こりました。そのため気候変動に関する最先端の科学の知見を、世界中から集めて評価する報告書が出されることになり、世界気象機関（ＷＭＯ）と国連環境計画（ＵＮＥＰ）によって、１９８８年に気候変動に関する政府間パネル（ＩＰＣＣ）が設立されたのです。このＩＰＣＣは、１つの研究機関というわけではなく、世界中の温暖化に関する研究者が発表する研究論文の中から、多くの研究者が信頼できると認めた知見だけを集めて報告書とする作業を行う機関です。つまりＩＰＣＣが発表する報告書は、世界中の科学者の大多数が統一見解として認める、国連の温暖化の科学の集大成なのです。

世界で最も信頼されるＩＰＣＣの報告書は、１９９０年の第１次評価報告書から２０１３～１４年にかけて発表された第５次評価報告書まで、これまでに５回発表されました。温暖化が人間活動によるものかどうかについて、毎回科学の発展を反映して、結論を進化させてきました。特に２００７年の第４次評価報告書からは、産業革命以降地球が温暖化している

温暖化が人間活動によるものかどうかに関する記述の変遷

1988年 IPCC設立	世界気象機関(WMO)と国連環境計画(UNEP)によって設立
1990年 第1次評価報告書	IPCC(我々)の気候変化に関する知見は十分とは言えず，気候変化の時期，規模，地域パターンを中心としたその予測には多くの不確実性がある
1995年 第2次評価報告書	事実を比較検討した結果，識別可能な人為的影響が地球全体の気候に現れていることが示唆される
2001年 第3次評価報告書	残された不確実性を考慮しても，過去50年間に観測された温暖化の大部分は，温室効果ガス濃度の増加によるものであった**可能性が高い(66–90% の確からしさ)**
2007年 第4次評価報告書	気候システムに温暖化が起こっていると断定 人為起源の温室効果ガスの増加で温暖化がもたらされた**可能性が非常に高い(90% 以上の確からしさ)**
2013〜14年 第5次評価報告書	人間による影響が20世紀半ば以降に観測された温暖化の最も有力な要因であった**可能性が極めて高い(95% の確からしさ)**

出典：IPCCから作成

ことは疑う余地がないと結論付け、今起きている温暖化が人間活動によって引き起こされている可能性は非常に高いと示したのです。その可能性は数値的な確からしさで示され、第4次評価報告書では90%以上、第5次評価報告書ではさらに高まって95%以上の確からしさで人間活動によるものと評価されたのです。この科学の評価をもとにして、国連の温暖化対策の国際交渉において、温暖化が人間活動によって引き起こされていることに疑いを呈する国はもはやありません。

＊温暖化が人間活動によるものであることを示す科学的根拠の詳細については、鬼頭昭雄著『異常気象と地球温暖化』（岩波新書、２０１５）や、江守正多著『地球温暖化の予測は「正しい」か？』（化学同人、２００８）などをご参照ください。

ＩＰＣＣの報告書ができあがるまで

ＩＰＣＣは1990年からこれまでに5回にわたって、温暖化の科学・影響・政策について報告書を発表しました。報告書の本体は、科学の知見をまとめた膨大なものですが、そのままでは科学者以外の人には理解できません。そこで、温暖化対策を決める立場にある世界の政治家や政府関係者、産業界、市民らが理解できるようにと、２０００ページを超えるような膨大な報告書から、40ページ程度の短い要約にしていく作業が行われます。その名もずばり「政策決定者向けの要約」です。この要約を作る際には、科学者だけではなく、１００

か国以上の政府関係者もが一堂に会して、全会一致で一文一文を承認していく手順を経ます。2013～14年にかけて発表された第5次評価報告書においてこの「要約」を作る総会に私も参加しましたが、100か国以上の政府代表団が、それぞれしのぎを削って要約の内容を吟味していく様は壮観でした。科学の報告書ですから、科学者から示された知見が変更されることはありませんが、どの知見を要約に取り入れ、どのような表現で紹介するかは、重要な交渉のポイントになります。なぜならどの国も自国に都合の良い内容を強調したり、逆に都合の悪い内容を削ったりして要約を作ってもらいたいからです。紛糾する議論を、IPCCの議長団がさばいてようやく会期延長の明け方になって全文がかろうじて承認されていくありさ

IPCC第3作業部会報告書発表の記者会見
（2014年4月12日　ドイツ・ベルリンにて）

夜を徹して作業して，ようやく政策決定者向けの要約の発表にこぎつけた！

©Masako Konishi

まを目の当たりにしました。

　科学の報告書を作るのに、これだけ全世界を巻き込んだ壮大な作成過程を経るのは、地球温暖化が人類共通の大きな課題であるからです。温暖化対策にはすべての国の協力が必要となるため、国連における国際交渉にゆだねられるのですが、その交渉の場で各国の政府代表団が、温暖化が人間活動によるものかどうかなどの科学で言い争っていては議論が進みません。そこで各国が納得して受け入れる共通の科学のベースが必要となります。そのベースとして、IPCCの示す科学の報告書を受け入れてもらうための作業なのです。「要約」を作る総会で、各国政府代表団が繰り返し言っていた言葉が印象的でした。「この表現では我が国の大臣は理解できない」。つまり温暖化防止の政策を作る立場の人たちに、この温暖化の科学の報告書をきちんと理解してもらいたいという気持ちがひしひしと伝わってきました。

今後の気温上昇予測：100年後には4度前後の気温上昇？

１８８０年から２０１２年の約１３０年で地球全体の平均気温は約０・85度上昇しました。

では今後の100年でどんな気温上昇が予測されているのでしょうか？　これは気候モデルを使って計算されます。気候モデルとは、地球の大気や海洋で起こることを物理の法則に従って定式化して、スーパーコンピューターの中に擬似的に地球を再現しようとする計算プログラムのことです。簡単に言えば、現実の地球の気候で起こっていることをコンピューターの中で再現し、その再現できる計算プログラムで、100年後の気候をシミュレーション（模擬実験）しようというものです。

100年後の地球の気候をシミュレーションするにあたって、IPCCの第5次評価報告書は、4つの未来社会のシナリオを想定しました。未来の社会は、私たちが選ぶ生活様式によって異なるからです。温室効果ガスをこれまで通り大量に出し続けていく生活を選ぶのか、それとも世界全体で協力して温室効果ガスを減らしていくのか？　この4つの未来社会のシナリオは、大気中の温室効果ガスの濃度によって分けられました。というのは、温室効果ガスの中心である二酸化炭素は、いったん排出されると、森や海に吸収されない限りいつまでも大気中に残り続けるからです。そのため人類がこれまで排出し続けてきた二酸化炭素のうち、吸収されなかったものは大気中に蓄積されて、大気中の二酸化炭素の濃度を上げ続けて

2100年へ向けた平均気温の上昇予測

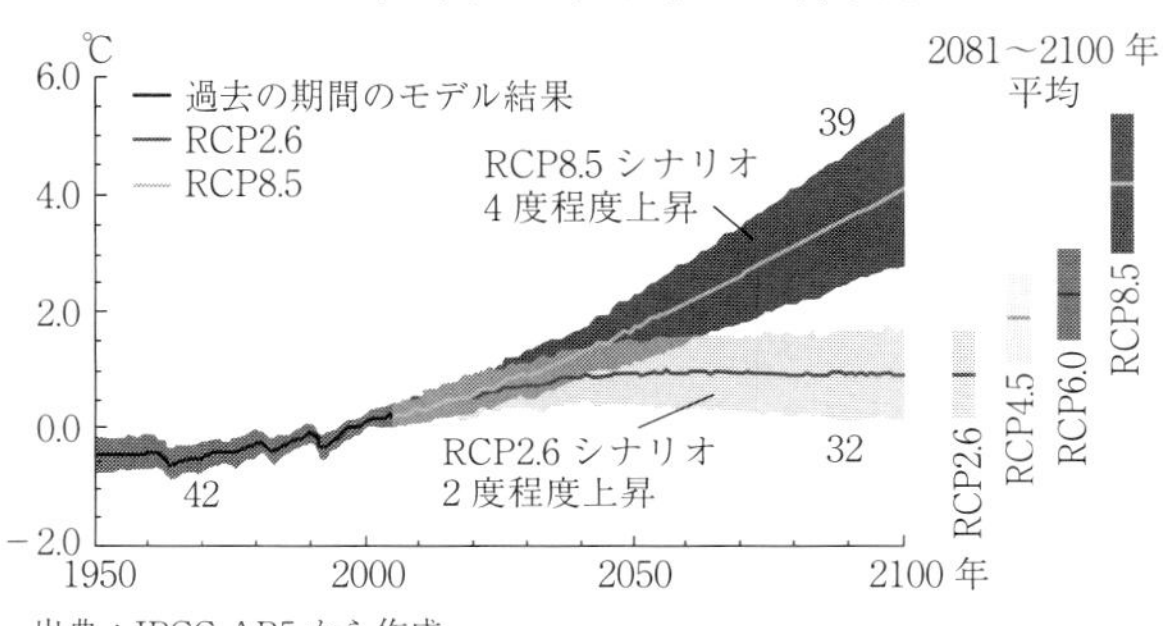

出典：IPCC AR5から作成

いるのです。気温は、二酸化炭素をはじめとする温室効果ガスの濃度に応じて上がるので、大気中に二酸化炭素がたまるほど上昇します。つまり今後温室効果ガスの濃度がどの程度まで高くなってしまうかが運命を分けるのです。

ＩＰＣＣが示した4つの濃度のシナリオでは、最も濃度が高くなるシナリオ（代表的濃度経路（ＲＣＰ）8・5シナリオと呼ばれる）では、100年後に4度程度も上昇が予測されました。最も濃度を低く抑えるシナリオ（ＲＣＰ2・6シナリオ）でも、気温上昇を2度未満に抑えることがやっとであることが示されたのです。今も私たちは世界中で温室効果ガスを大量に出す生活を続けていますから、もはや温暖化を避けることはできません。私たちに残されているのは、気温上昇をどのレベルで抑えられるのかの選択だけなのです。具体的に言えば、すごく温暖化対策をがんばって2度未満の気温上昇に抑えるのか、それとも4度も上昇するような世界を招いてしまうのかということです。

ところが現実には、現状私たちが出している温室効果ガスの排出量は、最も濃度の高いシナリオ(RCP8・5)の排出経路に沿っています。つまりこのままの生活様式だと、私たちは100年後には4度前後も気温が上昇する世界へまっしぐらに向かっているのです。もちろん気候モデルには不確実性がありますから、予測される気温上昇には幅があります。しかし100年間という短い間に平均気温を4度程度も上げるような劇的な変化を私たちが起こしつつあるということを最新の科学が指摘しているのです。

このまま4度上昇すると取り返しのつかないような影響が予測される

温暖化の影響は、すでに世界各地に現れており、異常気象が頻発(ひんぱつ)したり、生態系が失われるなど様々な被害が現れています。1度の上昇でも大雨、洪水、熱波などの異常気象のリスクが高くなり、2度の上昇では、北極海の氷やサンゴ礁など気温変化に弱い生態系システム

気温上昇に伴う予測される影響

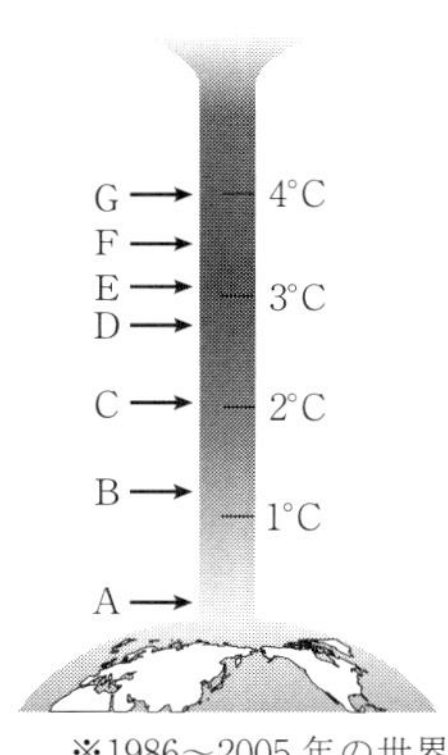

G：多くの種の絶滅リスク，世界の食糧生産が危険にさらされるリスク
F：大規模に氷床が消失し海面水位が上昇
E：広い範囲で生物多様性の損失が起きる
D：利用可能な水が減少する
C：作物の生産高が地域的に減少する
B：サンゴ礁や北極の海氷などのシステムに高いリスク
マラリアなど熱帯の感染症の拡大
A：暑熱や洪水など異常気象による被害が増加

※1986～2005年の世界の平均気温を基準とする．影響は，気温変化の速度や今後の対策の内容により異なる．

出典：IPCC AR5からWWFジャパン作成

は重大な危険にさらされます。3度以上の気温上昇では生物多様性や世界経済全体へ広い範囲にわたって損失が起き、取り返しのつかない現象が発生する可能性もあるのです。4度以上になると、穀物の生産量の落ち込みや魚の漁獲量の変化などがあわさって、世界的に食糧の安全保障に多大な影響を与えることが予測されています。しかもこういった影響の発生は地域によって差があるため、人の大移動を招いたり、水を巡っての紛争などを引き起こして、国の安全保障問題にまで及ぶリスクがあるとIPCCは指摘しています。

日本にも甚大な影響が予測されています。

ＩＰＣＣ第5次評価報告書で使用された新たなシナリオに基づいて、環境省が２０１４年３月に発表した報告書「日本への影響」によると、温暖化が進むにつれて、熱中症などによる死亡者の数が急増します。たとえ2度の上昇でも死亡者は2倍以上になると予測されています。洪水の被害額は今世紀末には現在の2倍程度に増大する可能性があると示されています。またコメの生産地域にも多大な影響があり、4度も上昇するならば、もはや対応策をとっても限界があると指摘されました。２０１４年夏には日本でも熱帯病のデング熱が発生して大騒ぎになったことを覚えている方も多いと思いますが、こうした伝染病を媒介するヒトスジシマカの分布域は、4度上昇するシナリオでは日本の国土の7割以上にも達すると予測されているのです。4度上昇した日本においては、今と極めて違う日本になっている恐れがあります。日本においても温暖化の足音はひたひたと迫っているのです。

気温上昇を2度未満に抑えられても、「適応」が必要

このまま温暖化を放置して、今世紀末に4度上昇するのを容認するのか、それとも世界すべての国が努力して、せめて2度未満に気温上昇を抑えることを目指すのか？　国連では、

温暖化による主な影響

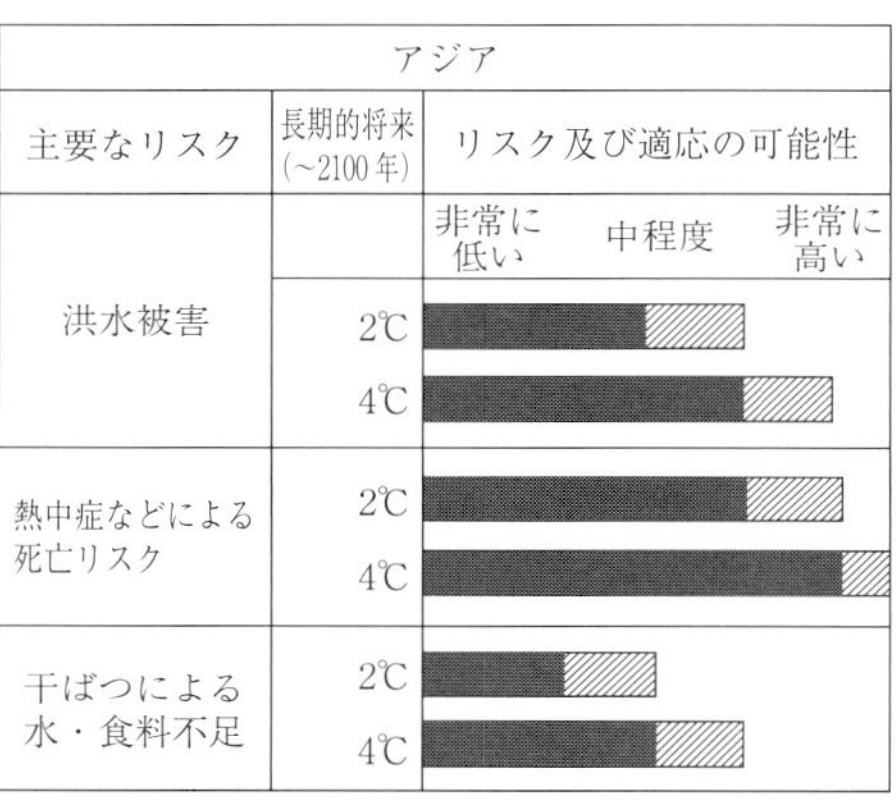

※リスクの項目で縞模様になっているところが，適応をすれば防ぐことができるリスクの幅を示す．

２度未満に抑えた場合と，このまま４度の世界に突入した場合の差を表す．

出典：IPCC AR5から作成

１９９０年以降ずっと温暖化対策についで世界各国が話し合ってきました。そして２０１０年の国連会議でようやく産業革命前に比べて気温上昇を２度未満に抑えることを目指すことに合意したのです。２０１５年末にはついに世界１９６か国が、法的拘束力のある「パリ協定」の中で、気温上昇を２度未満に抑えることを長期的な目標とすることに成功しました。現在、世界各国は２度未満を正式な目標として温暖化対策を行っています。

ＩＰＣＣの第５次評価報告書は、このまま４度上昇した場合に比べて、２度未満に抑えた場合、どの程度温暖化の悪影響が軽減されるかを、アジア、アメリカ、ヨーロッパなど地域ごとに示しました。たとえばアジア地域では、洪水と熱波、それに干ばつによる水・食料不足などが三大リスクとして挙げられていますが、まず洪水による被害は、4度上昇した場合には非常に高いリスクがありますが、2度に抑えた場合は中程度まで軽減されることがわかっています。また熱中症など暑熱に関連する死亡リスクも、4度の場合はとても高いのですが、2度に抑えた場合にはかなり緩和されます。つまり、気温上昇を2度に抑えることが出来たならば、取り返しのつかないような影響のリスクはかなり軽減されることが明確に示されているのです。

ここからわかるもう1つの重要なメッセージは、2度未満に気温上昇を抑えることができたとしても、それでも温暖化の影響はかなり重大であることです。たとえば洪水の例で行くと、2度未満に抑えることが出来ても、リスクは中程度以上もあります。そのため、洪水が起きた時に備えて被害を軽減する措置をとることが重要となります。温暖化の悪影響に備えて対応しておくことを「適応」と言います。適応をしておくことによって、被害はかなり軽減することができるのです。

適応には、豪雨、洪水に備えて都市インフラを強化する（たとえば豪雨が降っても地下街に水が流れ込まないように、地下街の入り口に止水板や防水扉を取り付けるなど)、熱中症を防ぐ教育を行う(室内でも暑さを我慢しない、高温多湿の日中にはなるべく日かげで活動する、水分と塩分をこまめにとるなど)、高温に強い農作物へと品種改良するなどたくさん考えられます。

つまり、温暖化対策とは、温暖化そのものを抑える努力と同時に、温暖化の引き起こす悪影響に対する備えである「適応」もしていく必要があるのです。しかも温暖化対策が遅れれば、適応できうる限界を超えるということも指摘されているので、温暖化対策は待ったなしです。

第3節　世界は地球温暖化を防ぐことができるのか?

2度未満に抑える道は残されているが、排出をいずれゼロに

気温上昇はもはや避けられないことがわかりました。では温暖化の悪影響とぎりぎり共存できるレベルと考えられる、産業革命前に比べて気温上昇を2度未満に抑えることは技術的

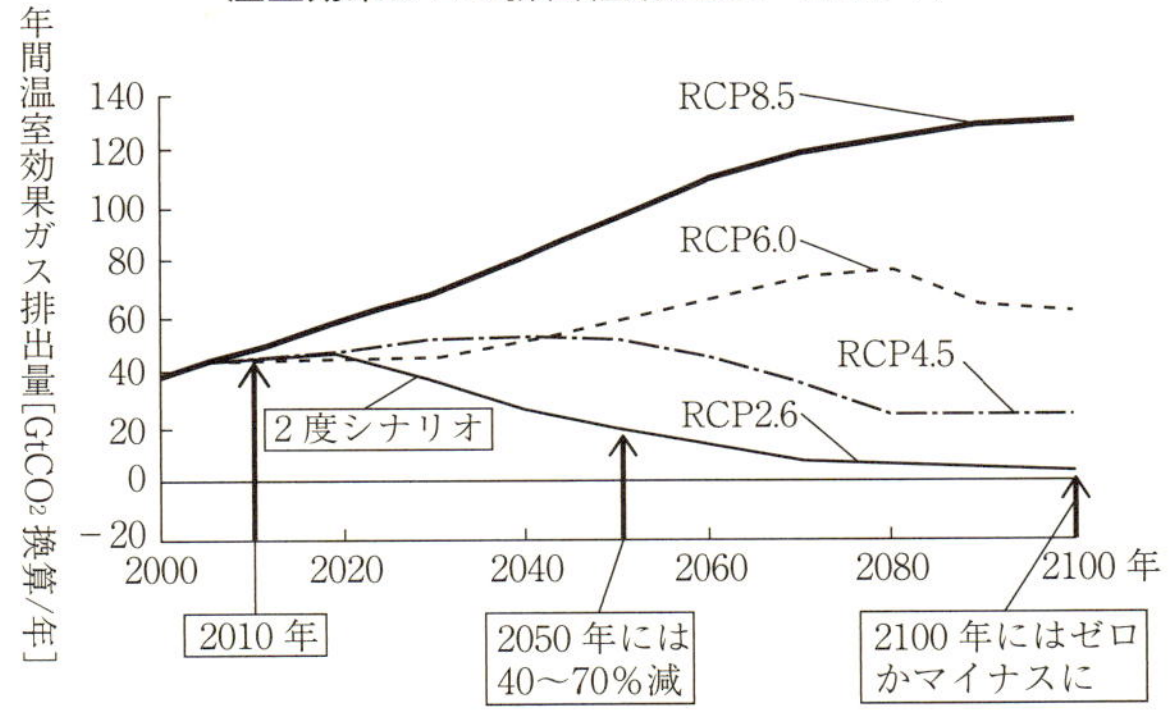

RCP2.6シナリオが，2度シナリオ．
2度に抑えるためには，21世紀末には人間の出す温室効果ガスの排出をゼロにしなければならない．
出典：IPCC AR5から作成

に可能なのでしょうか？　IPCCが示した4つの代表的濃度シナリオの中では、RCP2・6シナリオ(2度シナリオと呼ばれる)だけが、2度未満に抑える可能性が高いと示されています。そのためには、2050年ごろには世界の温室効果ガスを2010年に比べて40〜70％削減する必要があると示されています。しかし、世界の温室効果ガスの排出量は今もRCP8・5シナリオ(4度上昇するシナリオ)に沿った形で増加し続けています。今も増え続けている排出量を、早く減少に転じさせて、2050年には今の約半分にしなければ、この2度シナリオは達成できないのです。さらに

2100年ごろまでには、排出をゼロかマイナスにしなければならないと示されました。

温室効果ガスの排出をゼロにするとは大変なことです。たとえば私たちの生活で電気を使わないということはもはやできませんから、電気を使いながら、温室効果ガスは出さないような方法を考えなければならないのです。それでもまだ排出をゼロにすることは技術的に不可能ではないでしょう。しかし排出をマイナスにするとは、温室効果ガスを排出しないだけではなく、大気中にある温室効果ガスを何らかの方法で取り除いていくという意味です。もちろんまだそんな技術は実用化されていません。

気温上昇は、大気中の温室効果ガスの濃度にほぼ比例しますから、人類が今まで排出してきた累積排出量に応じて上昇することになります。特に温室効果ガスの主流を占める二酸化炭素は、生態系に吸収されない限り、大気中に残り続けていきます。もし直ちに温暖化対策をとらず、削減することを先延ばしにすれば、大気中には二酸化炭素がたまり続けることになります。ということは、対策が遅れれば遅れるほど、将来的に二酸化炭素を大気中から取り除くような技術が実用化されない限り、2度未満に抑える可能性はなくなることになります。今ない技術に頼ることは危険な賭けのようなものですから、2度未満を目指すためには、現実的には私たちは直ちに二酸化炭素の排出を抑えていくことが賢明な選択といえるでしょう。

2度未満に抑えるためには低炭素エネルギーを大幅に増やすことが必要

2度未満に抑えるために必要なことはなんでしょうか？　温暖化は主に化石燃料をエネルギー源としていることから引き起こされているので、カギとなるのはエネルギーを変えていくことです。ＩＰＣＣによると、①エネルギー効率の急速な改善と、②低炭素エネルギーの供給を急増させていくことだと指摘されています。簡単に言えば、①エネルギーを効率よく使ってエネルギーを使う量を減らすこと(＝省エネルギー)と、②炭素を排出しないエネルギー(低炭素・脱炭素エネルギー)に変えていくこと、という2点に絞られます。

中でも省エネルギーは大きな効果があると期待されています。まず省エネルギーを進めることが最も効果が高く、費用が低くてすむ温暖化対策の基本であることは間違いありません。その上で低炭素エネルギーに変えていくことです。低炭素エネルギーとして、ＩＰＣＣは、主に3つのエネルギーを挙げています。再生可能エネルギー、原子力、そして化石燃料のＣ

CS（炭素回収貯留技術）です。

原子力については「成熟した、温室効果ガスを出さないベースロード電源であるが、世界における発電シェアは1993年以降低下している。運用する際のリスクや関連する懸念、原料のウランの採掘リスク、経済的および規制面でのリスク、さらに未解決の核廃棄物問題や核兵器の拡散への懸念、否定的な世論など様々な障壁やリスクがある」と指摘しています。簡単に言えば、原子力は温室効果ガスは出さないが、安全性に大きな懸念があり、核廃棄物問題など解決されていない問題が多いと言っています。

CCSとは炭素回収貯留のことで、化石燃料を使う際に出てくる二酸化炭素を回収して、それを地中に埋め戻す、という技術です。化石燃料を使いながらも二酸化炭素はつかまえて大気中へは出さない、ということになるので、いい技術に聞こえますが、IPCCは、「化石燃料を使用する発電所のライフサイクル温室効果ガス排出量を減少させる可能性があるが、課題も多く、大規模な商業化は実現されていない」と指摘しています。つまり、CCSは使えるならばいい技術だが、まだ費用も高く、普及するには課題が多いと言っているのです。

一方、再生可能エネルギーについては、「第4次評価報告書（2007年発表）以降、再生可能エネルギー技術は大幅に性能が向上し、コストが低減した。しかし市場シェアを伸ばすためには引き続き直接的・間接的サポートが必要」と評価しています。再生可能エネルギーとは、使ってしまえば枯渇(こかつ)する化石燃料と違って、太陽光や風力、水力、地熱、太陽熱、バイオマスなど自然界に常に存在し、永続的に使えるエネルギーのことです。これらの再生可能エネルギーは、二酸化炭素を出さない優れたエネルギー源であり、世界で急速に普及が進んでいます。しかし費用が割高であるため、まだ補助金などがなければ普及が進みにくい、ということを指摘しているのです。

これらの低炭素エネルギーを急速に伸ばしていって、2030年に向けて全エネルギーの約2割、そして2050年には約6割をこういった低炭素エネルギーから供給することが出来るならば、2度シナリオを達成できる可能性があると、IPCCは示したのです。つまり、温暖化を抑えること(＝2度未満に気温上昇を抑えること)は、大きな挑戦ですが、省エネルギーを進めて低炭素エネルギーを普及させていくことができるならば、実現可能だと示しているのです。カギは①省エネルギーと②低炭素エネルギーです！

温暖化は主に化石燃料の使用で引き起こされており、特に石炭の責任が大きい

もう1つIPCCが指摘していることは、石炭についてです。過去130年で地球全体の平均気温で約0・85度上昇していますが、その原因の温室効果ガスのうち、最も影響が大きいのは二酸化炭素です。1970年から2010年の40年間において、増加した温室効果ガスの排出量の約8割は、化石燃料の利用による二酸化炭素が占めています。実は同じ化石燃料でも、石炭、石油、天然ガスなどの種類によって二酸化炭素を排出する量が異なります。たとえば化石燃料で電気を作るには、火力発電所で化石燃料を燃焼させて蒸気を発生させ、それでタービン(羽根車)を回すことによって電気を作りだします。その燃料として石炭を使うと、最も二酸化炭素の排出が多くなり、天然ガス(LNG火力)を使って電気を作るよりも、約2倍もの排出になります(図参照)。しかし石炭は安く、世界中のいろいろな場所にあって、手に入りやすい化石燃料であるため、温暖化を進めてしまうとわかっていても、石炭の使用量は増加しているのです。IPCCの第5次評価報告書は、世界のエネルギー供給において、石炭の使用が増加したことが、温暖化を進めてしまった要因と指摘しました。つまり温暖化の主な原因は化石燃料の使用であり、中でも石炭の責任が大きいと示したのです。

燃料別の排出係数（1 kWh の電気を作る際に排出する二酸化炭素排出量）

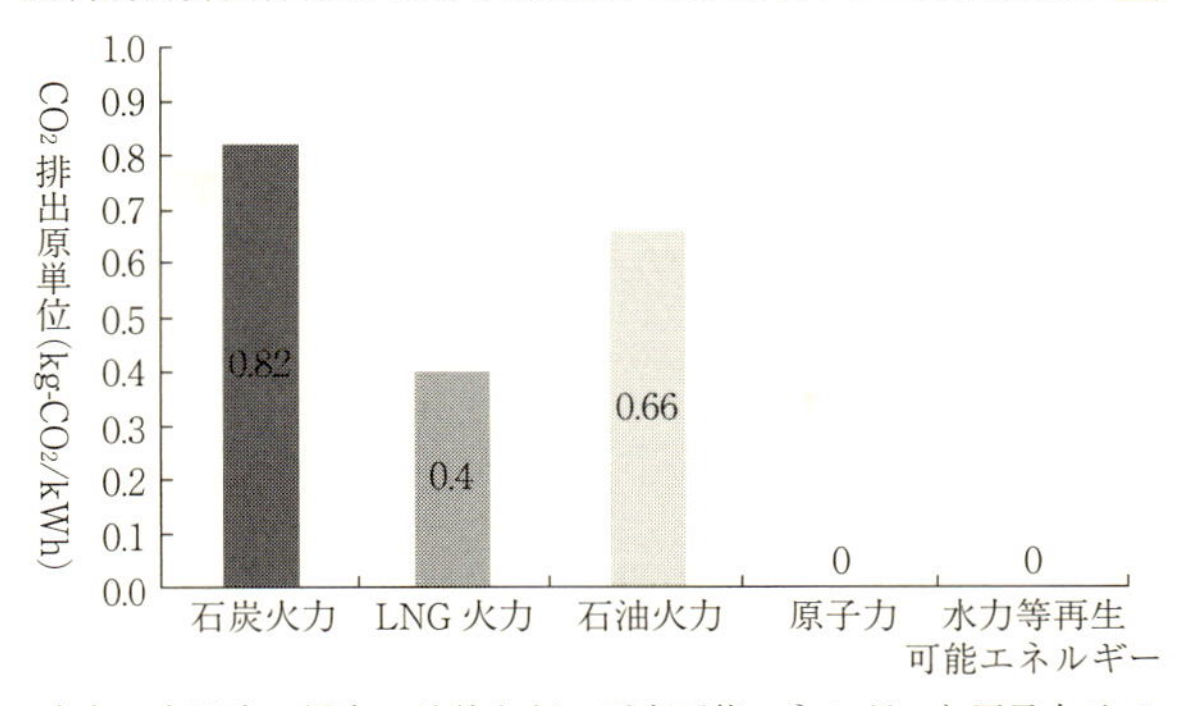

水力・太陽光・風力・地熱などの再生可能エネルギーと原子力は二酸化炭素を排出しない.
一方，同じ化石燃料でも，石炭は LNG（液化天然ガス）の約 2 倍二酸化炭素を排出する.

出典：電力中央研究所資料から作成

気温上昇を2度未満に抑えるための対策として、現状の世界平均の石炭火力発電所を、最新の効率的な天然ガスの発電所に変えることが効果的であるとＩＰＣＣは指摘しています。* これによってエネルギー供給部門からの温室効果ガスの排出量を大幅に減少させることが出来るのです。温暖化の原因として石炭の責任が大きいと指摘したことと合わせて、温暖化対策においても、石炭から、天然ガスやその他の低炭素エネルギーへ変えていくことが重要だと示されたのです。つまり温暖化を抑えるには、①省エネルギー、②低炭素エネルギー、そして③として、多く二酸化炭素を出す石炭の使用をすみやかに止めていくこと、の3つを同時に行っていく必要があるのです。

＊クリーンコールといわれる技術を使った最高効率の石炭火力でも最高効率の天然ガス火力の2倍近く排出します。

気温上昇を2度未満に抑えるには費用が莫大にかかるのか？

ＩＰＣＣは2度未満を達成することは技術的には可能であると示しました。そのためにはエネルギー部門を変革することが必要で、省エネルギーを進めることと低炭素エネルギーへ移行することがカギを握ると指摘しました。しかしそれにかかる費用はどれくらいでしょうか？　もし莫大な費用がかかるならば、いくら技術的に可能でも現実的には非常に難しくなります。ＩＰＣＣが示した答えは、効率的に費用を使うならば、2度未満を達成することは、将来的な経済成長をほんの少し遅らせるだけですむ、というものでした。効率的に費用を使うとは、一番安い温暖化対策から順番に進めていく、ということです。そんな簡単なことがどうしてできていないの？　と思うかもしれませんが、現実の世界ではこれが実際には難しいのです。たとえば電気は、ＬＥＤ照明（発光ダイオードを使った照明）を使えば、従来の白熱電球や蛍光灯を使うよりも、電気の使用量を半分以下に抑えることができます。世界中がすべてＬＥＤ照明に変えれば温暖化対策は進むのですが、現実的にはまだＬＥＤ照明は蛍光灯などよりも高いので、日本でもまだ行き渡っていません。本当はＬＥＤ照明は蛍光灯よりも格段に長持ちするので、1年以上も使えば最終的には得になることがわかっていても、まだ１００％は普及していないのです。これはほんの一例で、工場単位や企業単位、産業単位でみると、二酸化炭素の排出をお得に抑える方法は数多くあります（第3章第3節参照）。しかしこういった対策を進めようとすると、今までのやり方や考え方を変える必要があり、ひいては社会の仕組みを変えなければならないので、なかなか進みにくいのです。ただし社会の仕組みの変革に踏み込んで、こういった費用効率的な方法で温暖化対策を進めていくならば、将来の経済成長率がほんの少し下がる程度で、２度に気温上昇を抑えることは可能だとＩＰＣＣは説明しました。将来の経済成長率が下がるとは、たとえば10年先に今の経済規模（国内総生産ではかる）が２００％に増加するとするならば、その成長率が２００％ではなく、１９８％に下がる、というような意味です。つまり、いずれにしても経済規模は大きくなるのですが、その大きくなる率がほんの少し落ちるだけ、ということです。その選択をすれば、2度に気温を抑えることは可能だとＩＰＣＣは言っているわけです。

また、温暖化対策をもっと強化しないで温暖化が進んでしまったら、計り知れない悪影響が予測されます。異常気象や海面上昇、氷河の融解などによる悪影響は、洪水や土石流、干ばつによる食糧不足など、大きな被害をもたらします。温暖化対策を行わなければ、その被害額は膨大なものになる、と指摘されているのです。それを考えると、今から温暖化対策を行って温暖化を抑えていく方が、予測される被害額よりもはるかに安いのです。

つまり、2度未満に抑えることは技術的・費用的にも十分可能性があり、むしろ合理的な選択だと言えるでしょう。ＩＰＣＣの科学の報告書が示したことに基づいて、世界約２００か国が協調して、2度未満を目指して対策をとっていけるのか、第2章では、世界の温暖化対策を話し合う国際交渉を見ていきましょう。

第２章

地球温暖化対策をめぐる国際交渉

第1節　地球温暖化をめぐる国際交渉とその歴史

第2章では、全世界が協力して取り組む地球温暖化(気候変動)対策の重要なカギ「国際交渉」について見ていきます。この国際交渉には、約200か国の代表が参加し、主に国連の会議の場で議論が行われています。国連における国際交渉と聞くと、遠い高尚な世界のように思えるかもしれませんが、そこはヒト対ヒトの議論なので、駆け引きしたり、仲間づくりをしたり、相手を追い込んだりと、とても人間臭いドラマが繰り広げられているのです。そうした交渉の経緯も追いながら、国際交渉とその歴史を見ていきましょう。それぞれの国の事情を背負った当事者になったつもりで、あなたも国際交渉を体感してください！

なお、「気候変動」という言葉は、もともと地球の歴史の中で繰り返し起きてきた寒冷化や温暖化などの気候の変化を意味します。しかし温暖化の交渉の中では、気候変動というのは「人間活動による地球温暖化」の意味で使われるようになりました。国際交渉の話の中では、気候変動とは地球温暖化と同じと思ってください。

国連の気候変動に関する国際交渉の場：COP会議

地球温暖化問題は、国際的な協力が最も求められる環境問題です。地球の大気はつながっているため、地球上のどこで温室効果ガスを排出しても、その影響は全世界に及ぶからです。したがって温暖化対策のためには世界すべての国の協力が必要となります。また、温暖化問題はエネルギー問題でもあるため、その解決策は世界の経済活動全般に及ぶことになります。そのため、温暖化問題は世界各国が対等に議論できる場である「国連」における国際交渉にゆだねられています。

これまでの温暖化対策のための国際合意には、様々な呼び名と種類があります（43ページのコラム参照）。地球温暖化防止のための最も基礎的な国際条約は、「気候変動枠組条約（UNFCCC）」と呼ばれます。その気候変動枠組条約に参加する国の会合は、COP（Conference of Parties：締約国会合）会議と呼ばれ、これが温暖化対策の国際交渉の舞台となっています。COP会議は、通常2週間の会期で、1992年から毎年年末に世界のどこかの都市で開催されています。温暖化の交渉には、温室効果ガスの削減や温暖化の悪影響に対応するための適応、途上国への資金支援や技術援助など様々な論点があるため、COP会議では同時に10以上もの分科会が開催されます。それぞれ専門的な知識が必要なので、各国の政府交渉官も大きな国だと100人以上が参加して、専門ごとに分かれて交渉に当たります。それが約200か国集まり、さらに各国から温暖化の国際交渉を研究する研究者や温暖化関連のビジネス、交渉を取材するメディア、国際NGOも参加するので、COPは毎回1万人以上が参加する大規模な会議となります。

国際交渉そのものは、世界約200か国の政府代表団の間で行われますが、その中で国際NGOは世界各国から毎年数千人規模で参加して、会議を傍聴しています。国際NGOとは科学・法律・政治・政策・国際関係等の専門家集団であり、中には政府代表団を兼ねるメンバーもいます。温暖化は経済活動の源であるエネルギー問題でもあるため、各国ともに、温暖化は抑えたいのですが自国がより多くの削減を背負うことは嫌なのです。そこで各国のエゴがむき出しになった交渉が繰り広げられます。そうした国の利益を代表する各国の政府代表団の交渉を、国際NGOは内からと外からの両方の視点で見て、研究者と一緒に解決方法を提言したり、時には後ろ向きな国の姿勢を国際的に批判したりして、会議の結果がその時点における最良の地球益につながるようにと働きかけています。

２週間の会期の終盤になると、各国から大臣が到着して交渉に当たるようになり、世界中のメディアの報道も活発になって、交渉は山場を迎えます。議論が紛糾して次第に徹夜状態の交渉となり、最終日になっても結論が出ず、たいていの場合会議が延長されます。関係者全員が疲労困憊（ひろうこんぱい）したころ、ようやく妥協点が見出されて合意に至る、これが国連の温暖化対策の交渉の実態です。過去20年以上にわたり繰り広げられてきた、その温暖化の国際交渉の歴史を見ていきましょう。

温暖化対策のための国際合意について

温暖化対策の国際合意には大きく分けて「法的拘束力のある」国際条約と、「法的拘束力のない」合意があります。「法的拘束力のある」国際条約には、「条約、議定書、協定」などいろいろな呼び方がありますが、名前に関係なく、これらの法的拘束力のある国際条約においては、参加国には約束した内容を守る法的義務があります。* このため参加国に約束を守らせる力が強いのです。それに対して「法的拘束力のない」合意においては、参加国は自主的に約束内容を守ることを求められるだけです。つまり、温暖化の国際交渉においては、国際合意が〝法的拘束力を持つ国際条約〟になるか、法的拘束力のない合意に終わってしまうかが温暖化対策の実効力を左右する重要なポイントとなるのです。

（＊厳密には、国際条約が法的に持つ効力の違いは、中身にどう書かれているかに依存します。したがってそれぞれの国際条約において、どの部分に法的拘束力があるか、またそれらの義務の強さ等も書きぶりによって異なってきます。くわしくは国際法の本を参照してください）

気候変動の国際交渉の歴史

第1章で示したように、１９８０年代から科学者たちが地球温暖化に警鐘を鳴らし始め、１９９０年に出されたＩＰＣＣの第1回目の報告書が、地球温暖化が人間活動によるものである可能性を指摘しました。これを受けて国連の場で始まった温暖化対策の国際交渉は、20

年以上の歴史の中で大きく分けて3つの段階に分けられます。
(1)第1段階（1992〜2012年）：「気候変動枠組条約」から「京都議定書」まで
〜初めての温暖化対策の国際条約〜
(2)第2段階（2013〜2020年）：カンクン合意と京都議定書第2約束期間の併存
〜自主的な取り組みに後退〜
(3)第3段階（2020年以降）：2020年以降は、法的拘束力のある「パリ協定」が成立
これらの温暖化対策の国際交渉を、この3つの段階に向けた前哨戦の交渉の経緯とともに振り返っていきましょう。

(1)第1段階（1992〜2012年）：「気候変動枠組条約」から「京都議定書」まで
〜初めての温暖化対策の国際条約〜

IPCCの第1回目の報告書をきっかけに、世界全体が協力して対策を行おうと、1992年に「気候変動枠組条約」という初めての温暖化防止条約が採択（49ページのコラム参照）

されました。この条約は、環境条約における2つの重要な原則に基づいて決められました。一つは「予防原則」です。これは「温暖化が人間活動によるものかどうかは科学的に明確ではないが、温暖化が進むと取り返しのつかないような悪影響が引き起こされる可能性がある。そのために「予防的」に対策をとろう」という考え方です。ただし「予防的」に対策をとるわけですから、厳しい削減を各国に要求することはなかなかできませんでした。結局、気候変動枠組条約においては、温室効果ガスの削減は、各国の自主性にまかされるだけに留まり、結果として世界の排出量はまったく削減に向かいませんでした。むしろ世界経済の成長に伴って大幅に増加してしまったのです。

そのため、今度はもっと効果のある国際条約を作ろうということで、1997年にこれまで歴史的に排出責任がある先進国に、国ごとに個別に削減目標を課す「京都議定書」が採択されたのです。京都で開催された第3回目のCOP会議で決まったので、京都議定書という名前になりました。京都議定書は「法的拘束力」のある国際条約で、コラムでみたように、各国に約束を守らせる力が強いのです。この経緯を私たちの身の回りに置き換えて説明すると、「みんなでゴミ(温室効果ガス)を削減しようと決めたが(気候変動枠組条約)、大変だし、

気候変動に関する国際交渉の歴史

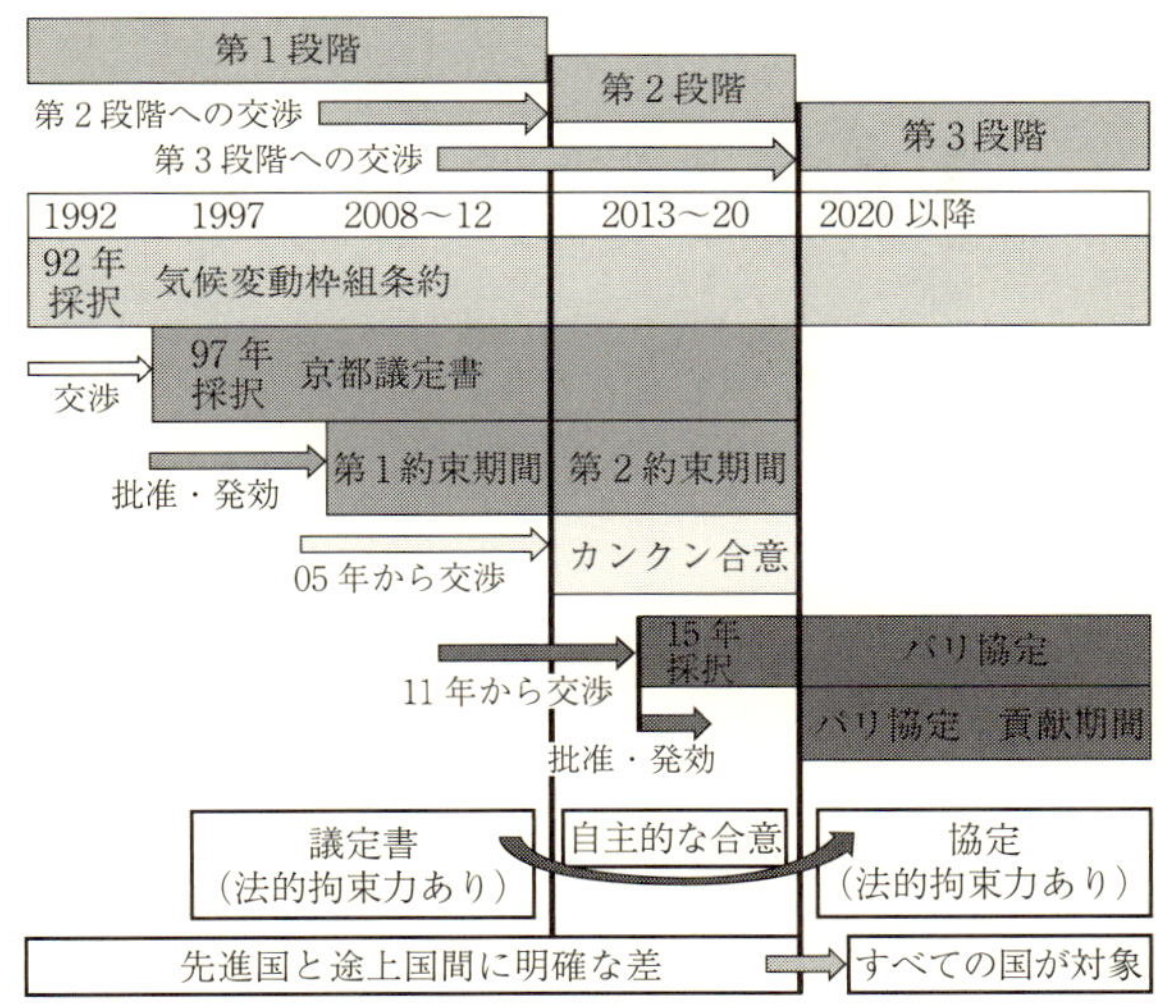

出典：UNFCCCから作成

お金もかかる。まあ誰かがやるだろうと全員無責任になってしまい、結局世界全体でゴミは減らなかった。そこで各自が削減する分を明らかにして、削減できなければ罰則を課すという、強い約束（＝法的拘束力のある）にしよう（京都議定書）。そうしたらみんな否応なく一生懸命に取り組まざるを得ないから、世界全体でゴミ（温室効果ガス）を削減できるだろう」という考え方です。このときに、先進国だけに削減の義務を課したのは、環境条約のもう一つの原則

「共通だが差異ある責任」に基づいたからでした。これは「温暖化を抑える責任は世界各国が共通に負うが、これまでに起きている温暖化は、産業革命以降、先に開発を進めた先進国の責任が重い」という考え方で、これにしたがって京都議定書では先進国だけが削減義務を負ったのです。その第1約束期間の2008年から2012年までの5年間に、義務を持つ先進国全体で1990年の温室効果ガス排出量よりも5％削減することになりました。そして途上国には「共通だが差異ある責任」原則に基づいて、まずは開発を優先する権利があるということで削減義務は課されなかったのです。

ところが、落とし穴がありました。当時世界一の排出大国だったアメリカが、「先進国だけに削減義務が課されるのは不公平だ。削減義務のない中国と比べると、アメリカの経済は不利になる」として、京都議定書に参加しなかったのです。このとき京都議定書が法的拘束力を持つ強い条約であることを、アメリカが嫌ったせいもありました。欧州連合や日本など他の先進国がなんとか踏みとどまって京都議定書に参加したことによって、京都議定書は発効(コラム参照)しましたが、当時世界の排出量の20％を占めるアメリカが抜けたことによって、京都議定書は効力が半減してしまい、その後の国際交渉に大きな影を落とすことになりました。

しかし、とにもかくにも世界が協調して、初めて温室効果ガス排出量を国ごとに管理して、削減していく仕組みを作った京都議定書は、世界の温暖化対策の歴史から見ると偉大なる第一歩であり、大きな功績を残しました。後述しますが、温暖化を抑えるという環境保護活動を、世界の経済活動に組み込む新しい仕組みを作り上げたのです。いわば京都議定書は、環境保全と経済を両立させる新しい時代の幕開けを作った環境条約と言えるでしょう。

国際条約の流れ：「採択」「批准」「発効」とは？

多くの国がかかわる国際条約の場合、まず国際会議でこういった内容で条約を作ろうと、会議参加者全員で合意するのが、「採択」。

その後、各国が自国に持ち帰って国会などで検討し、我が国はこの条約に参加すると表明するのが、「批准」。国によっては、「批准」ではなく、「受諾」や「加入」など、手続きとして異なる名前が使用されることもあります。

　この「批准」をした国が一定数を超えると、この国際条約は効力を生じて、批准した国がすべて守る義務が生じます。これを「発効」といい、やっと国際条約が動き始めるのです。なお、どのくらいの国が批准すれば発効するかという条件は、条約によって異なります。

　この国際条約の流れを、京都議定書を例にとって見てみましょう。1997年に京都で開催されたCOP3で、当時の参加国192か国全部で「京都議定書」を採択しました。各国はそれぞれ国内で審議して、日本は2002年に京都議定書を批准することを決めました。しかしアメリカは国内の議会が反対したことによって、京都議定書を批准しなかったのです。しかしアメリカとオーストラリアを除く他の国々は批准したため、最低55か国の参加と、先進国の温室効果ガスの排出量の55%以上が含まれるという、京都議定書の発効条件が満たされ、2005年に京都議定書は発効しました。

　このように国際条約は採択されてからも、各国の批准を経て発効に至るまでに紆余曲折があるので、数年かかるのが通常となっており、京都議定書の場合にはなんと約7年もかかりました。そのため国際条約の歴史を見るには、採択や批准などをめぐる前哨戦の交渉の経緯から見ていく必要があるのです。

（2）第2段階（2013〜2020年）：カンクン合意と京都議定書第2約束期間の併存
〜自主的な取り組みに後退〜

第2段階へ向けた交渉の背景：途上国の急速な開発によって、世界の排出構造が変わってきた

京都議定書が2005年に発効したことによって、削減を実施する期間は2008年から2012年と決まり、第1約束期間と呼ばれました。第1約束期間という名前が示すように、本来は京都議定書はずっと続いて、2013年以降は第2約束期間が始まる予定でした。しかし、気候変動枠組条約ができた1992年当時よりも、中国やブラジルなどの新興の途上国の開発が急速に進んで、いわゆる途上国からの排出量も急増したため、もはや先進国だけが削減義務を負う京都議定書の体制では、世界の温暖化を抑えることは不可能であることが次第に明らかになりました。世界の排出量を1990年と2013年で比較してみると、全

OECD諸国(先進国)/非OECD諸国(途上国)別の
CO_2排出量の推移(実績と見込み)

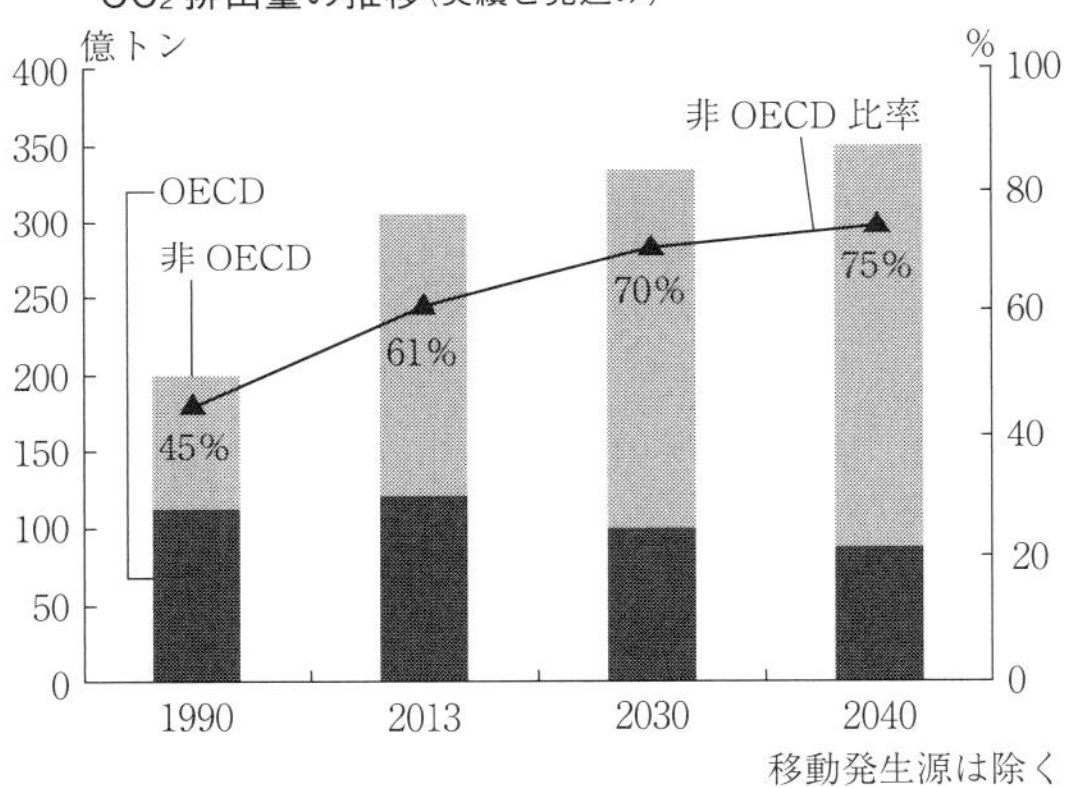

出典:IEA「World Energy Outlook 2015 (2030/2040はNew Policies Scenario)」から作成

体の排出量は1.5倍に膨れ上がり、しかも排出量が横ばいとなっている先進国と比べて、途上国の排出量は急激に伸びていることがわかります(グラフ参照)。

そもそも京都議定書において、どの国が削減義務のある先進国で、どの国が途上国であるかという区別は、1990年当時に経済協力開発機構(OECD)に加盟しているか否かで決められました。OECDとは、世界中の人々の経済や社会福祉の向上に向けた政策を推進するために活動を行っている国際機関で、平たく言えば豊かな先進国が加盟する〝先進国クラブ〟です。しかし世界の国々の経済状況は急速に変化しており、一部の途上国ではこの20年間に一気に開発が進みました。開発に伴って排出量も急増し、たとえば中国は途上国といえども２００８年にアメリカを抜いて世界第1位の排出国となっています。韓国やメキシコも京都議定書では途上国に分類されていますが、現在ではＯＥＣＤの仲間入りをしています。その他ブラジルや南アフリカなどからの排出量も増加し、今や途上国全体の排出量は先進国よりも多くなったのです。１９９０年には途上国（非ＯＥＣＤ諸国）からの排出量は世界全体の排出量の45％でしたが、２０１３年には途上国からの排出が先進国よりも上回って61％となり、２０３０年には70％を超えると予測されています。このため京都議定書第1約束期間が終了する２０１３年以降は、先進国だけが削減義務を負う形では温暖化防止に用をなさないことは誰の目にも明らかになったのです。

第2段階（２０１３～２０２０年）は自主的な合意に後退：カンクン合意

中国などの新興の途上国が急速に排出量を増加させていることを理由に、京都議定書第１約束期間の終了する２０１３年以降は、途上国も温室効果ガスの削減行動を約束するべきと、先進国側は強く要求しました。一方の途上国側は、産業革命以降に温室効果ガスを排出し続けてきた先進国が、歴史的に排出責任が重いのは自明の理であるから、先進国だけが削減義務を負う形の京都議定書の第2約束期間を2013年以降も存続させ、その中で先進国が大幅な削減目標を持つべきだと強く主張したのです。ところが先進国側は途上国に削減を求める一方で、2008年の世界的金融危機(リーマンショック)などで経済状況が悪化していることもあって、自らが大幅な削減目標を持つことには及び腰でした。途上国側・先進国側ともに、相手が十分に責任を果たしていないと非難を繰り広げ、お互いに不信感を募らせて、温暖化対策の国際交渉は暗礁に乗り上げてしまったのです。本来は2009年末にデンマーク・コペンハーゲンで行われたCOP15において、2013年以降の国際合意として京都議定書の第2約束期間や新たな温暖化対策の国際条約等が採択される予定だったのですが、先進国と途上国の対立が深刻で不調に終わってしまいました。この決裂時には、そもそも思惑の異なる世界約200か国が、1つの温暖化対策の国際条約の合意に達することは不可能なのではないか、という悲観論が世界中に広がってしまいました。

しかし、翌2010年のメキシコ・カンクンで開催されたCOP16において、主催国メキシコが「このままでは温暖化は深刻化する一方だ。今必要なのは、先進国・途上国の対立を乗り越えて、世界が協力して温暖化対策を実施することだ。すべての国が満足する国際合意はありえない。それぞれ可能な限り譲歩するしかないのだ」と言って各国に強く妥協を迫ったのです。結果として、各国が〝自主的に〟２０２０年までの削減目標を掲げて実施していくという「カンクン合意」にこぎつけられました。京都議定書から抜けたアメリカも参加し、中国やブラジルなど主要な途上国も初めて国連において正式に削減行動を公約しました。アメリカや主要な途上国も参加して、公式に削減に取り組むことになったのは本当に画期的でした。しかし残念ながらこのカンクン合意は、京都議定書のような法的拘束力のある強い国際条約にはならず、自主的に努力するだけの合意に留まってしまったのです。特に中国などの新興の途上国が、法的拘束力のある国際条約の下で削減行動を迫られることを嫌ったためですが、アメリカや日本などの先進国も望まなかったからです。せっかく法的拘束力のある京都議定書を世界は作りだしていたのに、２０１３年以降は自主的な合意に後退してしまいました。京都議定書の時よりも多くの国が削減行動に取り組むことになったとはいえ、自主的な取り組みを促すだけのカンクン合意の中で、果たして世界各国がきちんと削減の約束を果たすのか、大きな課題を今後の国際交渉に残したのです。

世界各国が〝公平感〟を持って温暖化対策に取り組むには?

途上国の排出が急増しているからといっても、産業革命以降排出し続けてきた先進国に歴史的な排出責任があることは自明の理です。しかも途上国の中でも開発が進んでいるのはごく一部の新興の途上国であり、貧困や飢餓に苦しむ後発開発途上国も数多くあります(64ページの表参照)。その間に位置する中間途上国もあり、置かれている状況は様々です。こういった開発程度が大きく異なり、しかも刻一刻と移り変わっていく経済状況の中で、何をもって世界各国はお互いに〝公平だ〟と納得して、それぞれ温室効果ガスの削減に取り組んでいくことができるのでしょうか? 主な温室効果ガスである二酸化炭素の排出量で、国ごとの差を見ながら、考えてみましょう。

二酸化炭素の総排出量では、1990年にはアメリカが第1位、欧州連合(EU28か国)*が第2位を占めます。国ごとに見るならば、アメリカに次いで中国が第2位、続いてロシア、日本は第4位でした。インドが第5位で、これだけ見ると、中国やインドといった途上国の排出量が先進国と並んで多く見えます。しかしそれぞれ国の大きさも違えば、人口も異なりますので、お互いに公平に比べるには、排出量をその国ごとの人口で割って、1人当たりの排出量を見ていく必要があります。そうすると、1990年当時世界第2位の中国は1人当たり排出量では2.1トン、インドに至っては0.7トンでした。一方のアメリカは19・7トン、日本は8.9トンだったのです。1人当たり排出量が多いということは電気などを使う豊かな生活をしている、ということを意味するので、中国・インドは、国としての総排出量は世界第2位、第5位の排出大国だったとしても、先進国と比べるとまだ非常に貧しい生活であったことがわかります。1990年当時にはアメリカ人1人で中国人10人分であり、日本人1人で中国人4人分の排出をしていたのです。これだけの差があったため、1997年に決まった京都議定書では、先進国だけが削減義務を負う形の国際条約が当然視されたのです。

ところが、その後に急速に新興の途上国が経済発展し、世界の排出量は急増しました。1990年に約217億トンだった世界の二酸化炭素の排出量は2012年には約338億トンに膨れ上がりました。そして中国の排出量は２００８年にはアメリカを抜いて世界第１位となり、インドも日本を抜いて第４位となったのです。こうなるともはや途上国も削減努力をしない限り、温暖化を抑えることはできません。しかし同じ途上国グループの中でも経済発展したのは一部だけで、途上国同士の間で経済状況が大幅に異なるようになったのです。たとえば中国の１人当たり排出量を見てみますと、１９９０年の2.1トンから、２０１２年には6.9トンまで急上昇し、欧州連合の１人当たり排出量とほぼ同じレベルになりました。韓国

世界の二酸化炭素排出量

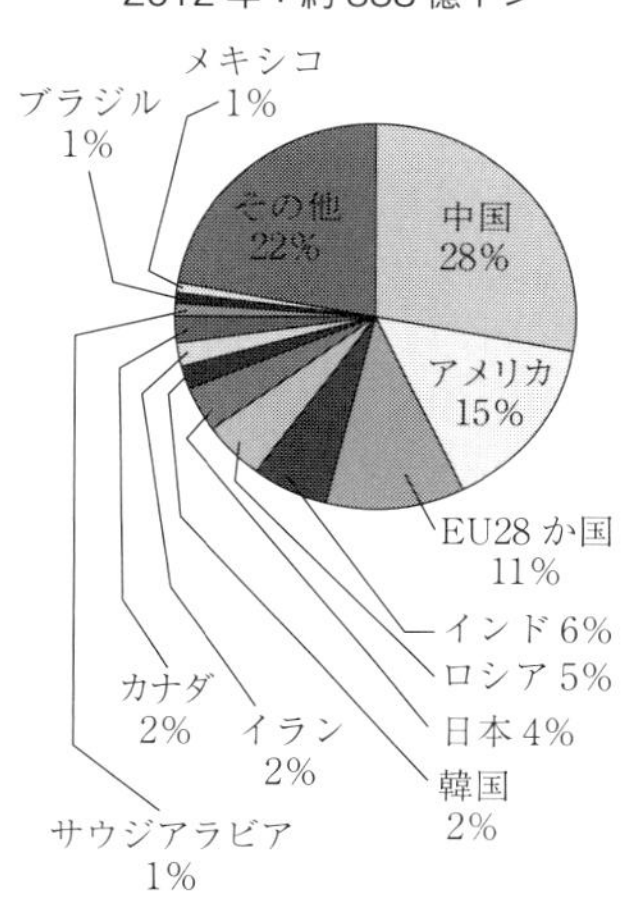

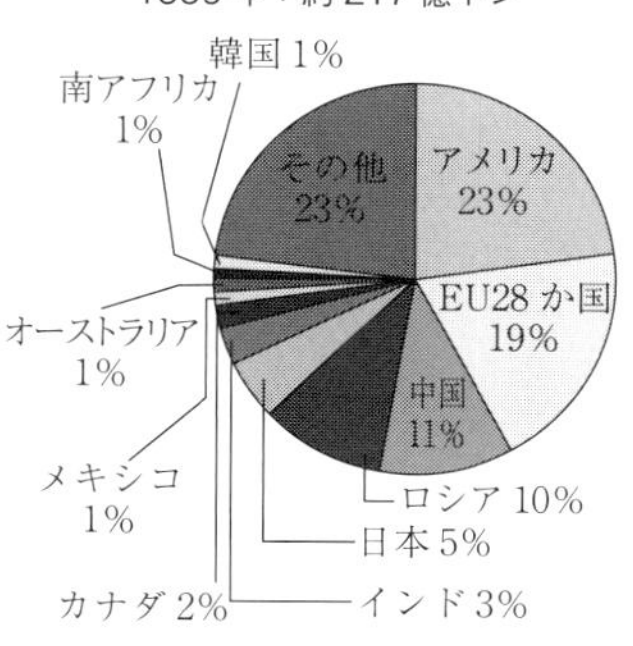

出典：世界資源研究所から作成

1 人当たり二酸化炭素排出量（1990 年と 2012 年の比較）

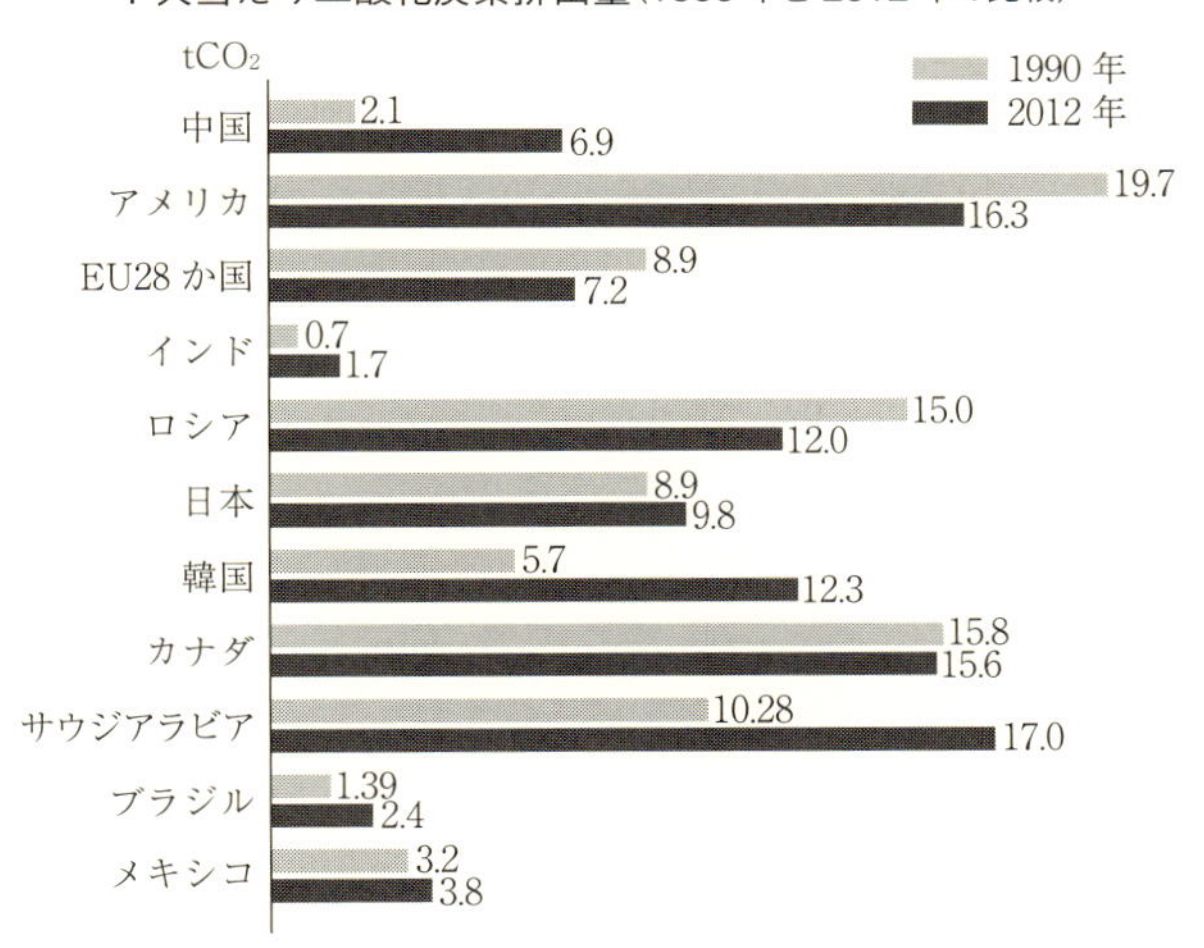

＊1990 年当時欧州連合は 15 か国だったが，2012 年のデータと合わせるために現在欧州連合に加盟する 28 か国分の排出量データを使用した．

出典：世界資源研究所から作成

は、２０１２年には１人当たり排出量は12・3トンで日本を抜いています。一方、急速に経済成長しているといっても、メキシコやブラジルでは、２０１２年でもまだ１人当たり排出量は２、３トンレベルです。インドに至っては、２０１２年でも１人当たり排出量はまだ1.7トンにしかすぎず、まだまだ国民が貧困にあえいでいることがわかります。インドが総排出量で日本を抜いて世界第４位の排出大国になったと言っても、いまだ日本人1人でインド人6人分を排出しているのです。こういった国々がこれからも経済発展を望むのは当然のことなので、結果として排出量がこれからも増えてしまうのはやむを得ない面があるのです。

これをあなたはどう考えるでしょうか？　急速に発展した途上国もある。しかしまだまだ電気もないような貧困に苦しむ途上国もある。確かに途上国の参加なしには温暖化は抑えられないので、すべての国が参加する温暖化対策の国際条約が必要ですが、今までのように「1990年当時のOECD諸国か否か」で削減義務を負う国、負わないでいい国を決めるような単純なやり方はもはや通用しません。2度未満に気温上昇を抑えるためには今世紀末には排出をゼロにしなければならず、これから大気中に排出できる二酸化炭素の量には限りがある中、どうやって世界の国々の間で公平な削減の分担をしていけばよいのでしょうか？この難題が立ちはだかって第2段階から第3段階にかけての温暖化対策の国際交渉は非常に難航してきたのです。いまだ解決はされておらず、これからも永遠の課題ですが、第3段階へ向けた交渉ではこの難題に一定の回答を出すことによって新たな国際条約の成立にこぎつけることができました。あなたもこの「公平性をどうやって確保するか」という課題を考えながら、第３段階へ向けた国際交渉を読み進めてください！

（３）第３段階（２０２０年以降）：２０２０年以降は、法的拘束力のある「パリ協定」が成立

２０２０年以降は法的拘束力のある国際条約を：欧州連合（ＥＵ）の頑張り

第２段階（２０１３〜２０２０年）の世界の温暖化対策の国際合意が、自主的に削減努力をするだけの弱い合意に後退したことを世界は憂えました。しかもこの第２段階で世界各国が掲げた２０２０年の温室効果ガス削減目標は、足し合わせても２度未満に気温上昇を抑えるにはとても足りない削減目標だったのです。そこで、２０１１年末に南アフリカ・ダーバンで行われたＣＯＰ17では、カンクン合意の次の２０２０年以降の第３段階には、〝すべての国を対象〟として、〝法的拘束力のある〟新しい国際条約を作ることが目指されました。しかし、途上国側は歴史的な排出責任のある先進国がこれまでに十分な削減もしていないのに、２０２０年以降にはその足りない削減目標のツケを途上国側に押し付けようとしている、と

いう強い不満も抱き続けたのです。

そのような中で先進国側の日本やロシアは、京都議定書が先進国だけに削減目標を課していることを問題視して、第2段階の京都議定書第2約束期間には削減目標を持たないことを宣言し、事実上京都議定書第2約束期間から抜けてしまいました。カナダに至っては京都議定書第1約束期間からも抜けてしまったのです。こういった先進国側の無責任に見える態度に激しく怒った途上国側は、第3段階の2020年以降にすべての国を対象とした法的拘束力のある国際条約を作ろうという機運に強く反対したのです。

最終的に欧州連合だけが京都議定書第2約束期間に残って削減義務を負うことを約束し、「先進国の義務を果たすから、次の2020年以降は、法的拘束力のある強い条約に途上国を含めたすべての国が参加しよう」と途上国側に呼びかけました。それに対して、途上国側の中でも強硬派のベネズエラが「欧州連合は自分だけ京都議定書に残ると言ってヒーロー気取りだが、その欧州連合が第2約束期間で持つ削減目標はあまりにも低すぎる。そんな削減目標では途上国を温暖化の被害に陥れるだけだ」と言って強く非難しました。あわや国際交渉は決裂かと思ったときに、同じ途上国側から、温暖化の影響に非常に弱い島国連合の代表が立ち上がり、「確かに欧州連合の目標は低い、しかし(日本やロシアのように)京都議定書から抜けてしまうような先進国がある中で、欧州連合は少なくとも残って次の国際条約の成立に向けて尽力している。ここで交渉を決裂させても誰も得をしない。苦渋の決断だが、ここはなんとか2020年以降の国際合意が法的拘束力を持つ国際条約になることを期待して交渉を前へ進めようじゃないか」と訴えたのです。

国連における国際交渉の中では、130か国ある途上国はいつも途上国全体で事前に主張をすり合わせて、一枚岩で先進国に対して交渉に臨んでいたのですが、その途上国グループの中で、このように表立って意見が対立したのは、温暖化の国際交渉では初めてのことでした。これは途上国の中でも開発の程度に差がついてきて(途上国のグループ分け表参照)、それぞれのグループによって大きく意見が異なるようになったことが背景にあります。

この島国連合という途上国側から、先進国側の欧州連合に対して援護があったことによって、なんとか2020年以降には法的拘束力のある枠組みを作るという約束ができるかと思いきや、今度はインドの代表が激しい口調で反対したのです。「インドではまだ数億人が貧困に苦しんでいる。なぜそのインドが、豊かな先進国と同じ土俵で法的拘束力のある国際条

開発の程度によって差がついてきた途上国130か国の大まかなグループ分け

<table>
<tr><td>先進国並みの途上国</td><td colspan="2">韓国，シンガポールなど</td></tr>
<tr><td>急速に発展している新興の途上国</td><td colspan="2">中国，ブラジル，メキシコ，南アフリカなど</td></tr>
<tr><td>中間の途上国</td><td colspan="2">インド・インドネシアなどアジア諸国やベネズエラ・コロンビアなどラテンアメリカ諸国の一部</td></tr>
<tr><td rowspan="3">最も開発の遅れている途上国
(後発開発途上国グループ)</td><td colspan="2">ネパール，アフガニスタンなど中央アジアの一部，その他下記の島国連合やアフリカ諸国連合の国々など</td></tr>
<tr><td>島国連合</td><td>ツバル，グレナダなど南太平洋やカリブ海の小さな島国の連合</td></tr>
<tr><td>アフリカ諸国連合</td><td>コンゴ，ソマリアなどアフリカの国々の連合</td></tr>
</table>

約に入らなければならないのだ。その条約に、公平な差別化(苦しい状況の途上国の負担が、先進国と比べ公平になるような差別化)がされない限り、インドは絶対に参加しない」とまくし立てたのです。これは、COP会議2週間の会期を2日間も延長した徹夜明けの早朝の出来事でした。参加していた数千人がかたずをのんで見守る中、COP17主催国の南アフリカの女性議長が静かに「世界はどうしても温暖化対策の新しい条約が必要だ。ここで10分間の休憩をとるから、欧州連合とインドは個別に話し合って、世界が待ち望む回答をもたらしてほしい」と語りかけたのです。

欧州連合とインドの個別交渉は50分間続きま

した。その後会議が再開された時、インド代表は折れて「インドは世界が協力する温暖化対策を望んでいる」と笑顔で語り、結局〝すべての国を対象〟とした〝法的拘束力のある〟新しい2020年以降の温暖化対策の国際条約を2015年に採択することが決まったのです！　世界はこのとき初めて、世界すべての国がそれぞれの立場で削減に取り組むという、第3段階の新しい温暖化対策の国際条約に向けて舵を切ったのです。

考えてみよう

すべての国が参加する温暖化条約にするには？　温暖化の国際条約のジレンマ「強い条約ほどいいが、強いと参加国が減ってしまう」の解消が必要

ここまで見てきた過去の交渉の歴史からわかるように、温暖化の国際交渉においてジレンマとなるのは、国際条約の拘束力の強さと参加国の数の関係です。温暖化問題を解決するためには、なるべく強い拘束力を持つ条約にすべての国が参加するのが理想ですが、条約に強い拘束力を持たせれば持たせるほど参加国が減ってしまうのが、これまでの国際交渉のジレ

ンマでした。現に京都議定書の持つ強い法的拘束力を嫌って、京都議定書を抜けていく国が後を絶たなかったのが、これまでの国際交渉の現実でした。実際にアメリカは最初から京都議定書を抜けてしまい、日本やロシアも京都議定書の第2約束期間には参加しない（＝数値目標を持たない）と宣言したのです。結果として2013年以降の京都議定書の第2約束期間には欧州連合とオーストラリアしか残らず、残りの先進国は自主的に削減努力をする弱いカンクン合意にしか入りませんでした。自主的な取り組みであるカンクン合意では、途上国も国際公約した削減目標に向かって努力することになっているので、結果として先進国と途上国が同じ弱いカンクン合意の中で努力をするだけになり、公平性の観点から途上国側に強い不満が残ったのです。

2020年以降の新たな条約は、法的拘束力の強い条約にするのが望ましいのですが、また抜けてしまう国が多くなれば元も子もありません。多くの参加国を得て、かつ2度未満を達成できる削減目標をすべての国が掲げ、さらに守らせる力が強い〝法的拘束力を持つ〟国際条約にするにはどうすればよいのか？　その解決法を模索しながら、第3段階の2020年以降の新しい国際条約の採択へ向けた交渉が繰り広げられました。実際の交渉の経過を追いながら、あなたならどうすればよいと思うか、考えながら読み進めてください！

◇◇

「すべての国の参加」と「法的拘束力のある」国際条約を求めて交渉スタート

第3段階の新しい温暖化対策の国際条約は、２０１５年末にパリで開催されるＣＯＰ21で採択されることになり、その新条約に向けての国際交渉が２０１２年から始まりました。この新条約では、過去の温暖化対策の国際合意に例がない、先進国と途上国「すべての国が参加」すること、そして〝自主的合意〟に後退していたところから、再び京都議定書のように「法的拘束力のある国際条約」が目指されました（47ページの図参照）。気温上昇を２度未満に抑えるには、世界の温室効果ガスの排出量を今世紀後半にはゼロにする必要がありますから、２０２０年以降にはこういった強い温暖化対策の国際条約が強く求められたのです。そのためには、いかにして「強い条約ほどいいが、強いと参加国が減ってしまう」という温暖化条約のジレンマを解消し、さらに旧来の先進国・途上国の壁を乗り越えて、新しい時代にふさわしい「公平な」国際条約を見出していけるかがカギでした。

各国の削減目標をどうやって「公平に」決めるか？

新条約に向けて、最初に解決しなければならない課題は、世界各国がどのように2020年以降の新条約で掲げる削減目標を〝公平に〟決めていくか、でした。京都議定書の時には、「共通だが差異ある責任原則」に基づいて、国連における交渉でその当時の先進国約40か国だけに数値目標が定められました。しかし2020年以降の新しい国際条約では、経済状況の著しく違う世界約200か国に対して、それぞれの状況に応じた削減目標や削減対策を決めねばなりません。世界200か国がお互いに〝公平だ〟と納得できるような削減目標を決めることは非常に困難でした。それぞれ何をもって公平だと感じるのかは、世界200か国あれば200通りの違った考え方があるからです。たとえば、1人当たりの排出量をすべての国で等しくしていけば公平だと考える国もあれば、歴史的な排出責任がある先進国がはるかに多く削減するべきだと考える国もあります。また、経済力と技術がある国ほど多く削減するべきだと考える国もあれば、最も温室効果ガスの削減費用が安くすむ国から削減したほうが効果的だと考える国もあるのです。結局、世界全体で何をもって〝公平な〟削減目標であると交渉の場で決めることはほぼ不可能ということで、それぞれの国が自国の開発程度からいって〝自分で公平な分担だと思う(自己差異化)〟削減目標の案を国内で決めて、国連に提出することになったのです。

しかし、各国が勝手に削減目標を決めて出す形だけでは、また不十分な目標になってしまう可能性が高いので、その代わりに編み出された方法が、各国が事前に目標案を公表し、最終的に国連で目標を決定する前に、それぞれの目標案を国際的にチェックしあってから決める、というプロセスでした。その際には、自国の目標が、なぜ科学的に十分な目標であるか、なぜ他国に比べて〝公平な〟目標であると考えるかについて、説明を加えることになりました。つまり、自国の目標が、他の同じような開発レベルの国々と比べても公平な目標だと国際的に説明しなければならないというプレッシャーがかかることになります。そのプレッシャーによって、各国ともに最大限の目標を出すようにと仕向ける仕組みなのです。もちろんこの事前にチェックする際には、国際ＮＧＯや各国の研究者も、各国の目標を比較して発表したりしますので、低い目標を提出しながら自分だけが〝公平だ〟と言っても、他からは厳しい視線にさらされることになります。ということで、世界各国は２０１５年末のＣＯＰ21

パリ会議の半年くらい前までに、それぞれ国内で決めた削減目標の案を国連に提示することになりました。これが2014年末の段階で世界196か国が考えついた、ぎりぎり〝公平な〟削減目標の決め方の限界だったのです。あなたはどう考えるでしょうか？　もっといい方法を考えつくでしょうか？

このようにぎりぎりの妥協を繰り返しながら、COP21パリ会議へ向けて交渉は進んでいきました。幸いなことに京都議定書の国際交渉の時とは違って、アメリカが前向きな姿勢を見せていました。アメリカは中国とあらかじめ話をまとめて、COP21パリ会議の1年も前の2014年末に、すでに自国の新しい削減目標の案を発表したのです。アメリカ・中国の2つを合わせるだけで世界の排出量の4割を占めますから、二大排出国が積極的に削減に取り組む意思を示したことは他の国に大いなる安心感を与えました。もちろん温暖化対策のリーダーを自負する欧州連合も同じ1年前に新しい削減目標を発表しており、3国／地域合わせて交渉の大きな推進力になりました。2015年の春からは他の先進国やいくつかの途上国も新しい削減目標の案を国連に提出して、交渉の機運は高まってきました。

パリCOP21会議における国々の駆け引き

いよいよ迎えたパリにおけるCOP21会議、それまでに約160か国に上る国が削減目標案をすでに提示しており、新条約の成立に向けた期待は高まっていました。その一方で各国ともお互いにこれまでの交渉における主張を曲げる気配はまったく見せていなかったのです。〝すべての国が参加〟する〝法的拘束力のある国際条約〟の成立には、各国がこれまでにないほどの譲歩と妥協を示す必要がありますが、各国ともにお互いに対する不信感や疑心暗鬼が根強く渦巻いていたのです。

まず、先進国・途上国のパリCOP21に向けたそれぞれの思惑を整理してみましょう。先進国側は、「2020年以降はすべての国が削減行動をするべき」と主張していました。しかし本音で言うと、すべての国と言っても「特に中国などの新興の途上国は削減義務を負うべき」と考えていたのです。その一方で「自分の国の削減目標は経済に大きな影響がないように、出来る範囲に留めたい」と思っていました。それに対して、途上国側は「歴史的に排出してきた先進国の責任はどうするんだ、しかもこれまでも削減が不十分であった先進国がその削減のツケを途上国に押し付けている」という不満が強くあります。そのため「まず先進国がもっと大幅な削減目標を持つべき」と主張しており、さらに「途上国に削減してほしければ、先進国から資金と技術支援が十分に提供されることが条件」と訴えていました。2度未満を達成するには、今後排出できる温室効果ガスの量には厳しい制限がありますから、まだ開発を進めたい途上国からすればもっともな主張です。しかし途上国グループの中で、実は意見が分かれてきており、島国連合やアフリカ諸国などの開発の遅れた途上国グループが、より積極的な温暖化対策の国際条約を望んでいるのに対して、中国などの新興の途上国は「せっかく経済発展している自国の経済に、制限を設けられたくない」という本音もあったのです。一方の先進国側は、途上国が要求する大規模な資金や技術支援を約束することには二の足を踏んでいました。様々な思惑を胸に、どの国もこういった従来の主張を曲げずに、パリCOP21会議を迎えたのでした。

いよいよパリCOP21会議が始まっても、1週目にはどの国もまったく譲らず、対立は深まるばかりで、交渉はこう着状態となってしまいました。その時2週目に入って、欧州連合が途上国グループであるカリブの島国連合やアフリカ諸国と手を組んで動いたのです。「高い野心同盟」という名前の同盟を結んで、「野心的な長期目標を持ち、科学に基づいた見直し削減目標を設定しよう」と訴え、パリ協定を成功させようと呼びかけたのです。これは、同じ途上国グループ内で、アフリカや島国連合から中国やインドに対し「野心的な温暖化対策をせよ」という圧力がかかったことを意味します。翌日にはなんとアメリカがこの高い野心同盟に参加を表明しました。アメリカが途上国グループと表立って一緒に同じ主張をすることは気候変動の国際交渉上初めてのことで、交渉関係者に大きな驚きをもたらしました。

さらに次の日には中国と並ぶ新興の途上国であるブラジルまでもが参加したのです。そのあとはメキシコ、コロンビアなどのラテンアメリカ諸国も続き、高い野心同盟は１００か国を超える同盟となって一気に交渉の流れが変わりました。もはや「先進国⇕途上国」という構図ではなく、「環境対策積極派⇕消極派」という構図に塗り替わった瞬間でした。こうなれば中国もインドも他のどの国も「消極派」のレッテルは貼られたくないのが人情です。２週間の会期を延長した最終日に、先進国・途上国の区別なく〝すべての国〟が、同じ〝法的拘束力のある国際条約〟の下で温暖化対策に取り組む「パリ協定」がついに成立したのです！

すべての国が参加して、法的拘束力のある温暖化対策の国際条約「パリ協定」が成立！

20数年にわたる先進国と途上国の深刻な対立を乗り越えて、とうとう世界は、すべての国が参加する新しい温暖化対策の国際条約「パリ協定」を採択することが出来ました！　採択された時には、フランスの議長をはじめ、国連のパンギムン事務総長も、気候変動枠組条約のフィゲレス事務局長も全員が飛び上がって喜びを爆発させました。会場にいた私たち国際NGOもお互いに抱き合ってこの奇跡的なパリ協定の成立を祝いました。

この成功の裏には、主催国フランスの議長の巧みな会議の采配もありました。2週目に入っても対立点ばかり目立つパリ協定の草案を、各国の主張を聞いては大胆に切り込んで、新草案としてまとめて連日出すことで議論を促し、それを見て怒る各国に夜を徹して論点ごとに交渉させたのです。しかもその論点に一番文句のある国の大臣をファシリテーターとしてあえてまとめ役にしました。特に、失敗に終わったCOP15コペンハーゲン会議(2009年)において最後まで強硬に反対したベネズエラの代表が、今回のパリ協定ではまとめ役の1人に任命され、結果として、パリ協定成立の際には満面の笑みで、フランスの議長を褒め称えていたのが印象的でした。さすがに交渉術にたけたフランスならではの見事な采配でした。こうして歴史的な合意に達することのできたパリ協定の成立までには、様々な駆け引きや人間ドラマがあったのです。

振り返ると、今回のパリ協定が成立した背景には、新興の途上国の台頭とともに先進国と

パリ協定成立の瞬間，喜びを全身で表すフランスの議長(右)，気候変動枠組条約のフィゲレス事務局長(中)，フランスの政府代表(左)

©Masako Konishi

会場は総立ちで大スクリーンに映し出された議長団に向かって大歓声

©Masako Konishi

途上国という古い二分論の構図が崩れ、新たなグローバル社会の力関係が生まれていることがあるでしょう。これからも世界の国々はそれぞれ違う経済発展の道をたどっていくでしょう。その時々の各国の経済状況を柔軟に反映することができる温暖化対策の国際条約が求められているときに、このパリ協定が成立したのです！　新しい時代の温暖化対策に世界が協力して取り組む体制の、まさにシンボルと言えるでしょう。

第2節　パリ協定で決まったことと今後の宿題

今後の世界の温暖化対策は、この画期的なパリ協定に沿って行われることになりました。パリ協定はまだ骨組みが決まったばかりなので、これから詳細なルールを作っていく交渉が続きます。そのルール作りにおいては、これまでの交渉で難題だった各国間の公平性をいかにとらえ、差異化していくかなどが引き続き大きな焦点となります。パリ協定で決まった内容を見ながら、今後のパリ協定の行方も見ていきましょう。

科学を反映した2度未満を目指す長期目標と5年ごとの削減目標改善の仕組み

パリ協定の最も偉大な功績は、〝科学と整合する協定〟であることです。IPCCの温暖化の科学の報告書を反映し、科学的な見地から気温上昇を産業革命前に比べて2度（できれば1.5度）に抑えることを長期目標として掲げました。その実現のために今世紀後半には人間活動による排出を実質ゼロにすることを目指す目標も明記しました。温暖化が人間活動によって引き起こされていると科学が指摘し始めてから約30年たって、とうとう人間活動による排出をなくすことを目標とする国際条約が成立したのです！

ただ、理想は現実とは違いますから、まだまだ世界の排出量は減少どころか増加し続けています。パリ協定は、理想を目標として掲げながら、現実も直視して、現実的に今できる方法で理想と現実のギャップを埋めようとする仕組みを取り入れたのです。実は世界各国がパリ協定に向けて提出していた２０２５年や２０３０年の削減目標も、全部足し合わせても、2度未満を達成するには足りませんでした。たとえすべての国が約束した削減目標を達成したとしても、気温は約2.7度程度まで上昇してしまうと予測されており、2度未満に抑えるにはもっと削減しなければならないことが明白になっているのです。そこで、今は2度（1.5度）

パリ協定における主要国の2025年／2030年に向けた削減目標

EU	•2030年までに，1990年比で，温室効果ガス排出量を域内で少なくとも40％削減
アメリカ	•2025年までに，2005年比で，温室効果ガス排出量を26〜28％削減（28％削減へ最大限努力）
日本	•2030年までに，2013年比で，温室効果ガス排出量を26％削減
中国	•2030年までのなるべく早くに排出を減少に転じさせる •国内総生産（GDP）当たり二酸化炭素排出量を2005年比で60〜65％削減
ブラジル	•2025年に，温室効果ガス排出量を2005年比で37％削減，示唆的な目標として，2030年に2005年比で43％削減
インド	•2030年までに，2005年比で，GDP当たりの排出量を33〜35％削減

出典：UNFCCCから作成

に抑える長期目標が達成できなくても、いずれ到達できるようにと、「5年ごとに目標を改善する仕組み」を取り入れました。世界各国はこれから5年ごとに削減目標を出していくことが義務となったのです。しかも次の5年の目標は、前の期間の目標よりも、さらに改善させるべきと定められました。新しい目標は、その都度最新の科学的な進捗評価を受けて出されることになっています。つまり、5年という短い期間ごとに、各国が削減目標を次々と改善していくことによって、世界全体の削減量を増加させていこうとする仕組みです。パリ協定は、京都議定書と違ってこれから永続的に続く協定なので、世界各国が5年たつごとに削減目標を深化させていくことによって、いずれは排出ゼロを目指そう、ということなのです。

法的拘束力を持つパリ協定：どうやって温暖化条約のジレンマを解決したのか？

パリ協定は、世界が本気で温暖化対策を進める意思を持つことを表すために、京都議定書のように〝法的拘束力を持つ国際条約〟とすることができました。過去20数年の国際交渉で難題であった「強い条約ほどいいが、強いと参加国が減ってしまう」という温暖化条約のジレンマをパリ協定はどのようにして避けることができたのでしょうか？　実はパリ協定は京都議定書とは違って、削減目標の達成は義務としなかったのです。削減目標の達成が義務化されるならば、アメリカをはじめ、日本、中国、インドなど多くの国が参加をためらうことは必定でした。そのため、パリ協定自体には法的拘束力という強い力を持たせますが、それぞれの国の目標を達成することは義務としなかったのです。その代わりに5年ごとに目標を掲げることが義務となり、さらに目標を達成するための温暖化政策の導入や実施も義務付けられました。これらの策によって、すべての国の参加を確保したのでした。

ということで、京都議定書と違って、パリ協定では目標を達成しなくても罰せられることはありません。それでは各国が目標を達成するかどうかわからないではないか、せっかく法的拘束力を持つ国際条約になったと言ってもそれでは意味がないのではないか？という別の疑問が生じます。これを解決するために、パリ協定では、すべての国に、自国の削減状況を同じ制度の下で報告させ、お互いにその状況を検証する仕組み「国際的な報告・検証制度」を導入しました。これは、各国がきちんと温暖化対策をやっているかどうかを国際的にチェックする仕組みです。各国に同じ様式で温暖化対策の進展状況を国連に報告させ、その報告に対して各国が自由に質問でき、さらに専門家チームをその国に派遣して本当にやっているかを専門的に検証するというものです。いわばそれぞれの国の目標の達成状況を国際的にさらす、という仕組みなのです。排出量の多い国というのは、先進国や開発が進んでいる新興国ですから、いずれも大国です。大国であるほど、国の信用や体面を大事にします。そのため自国の温暖化対策の取り組みに対して、このように国際的に報告や検証される制度があるならば、目標達成に向かって頑張らざるを得ない、という心理面をついた仕組みなのです。世界は20数年の困難な国際交渉で学んだ教訓を活かして、目標達成を義務として参加国を減らすリスクを負うよりも、実質的に目標達成を確保する仕組みを選んで、多くの国の参加を得る協定にしたのです。

実はこの「国際的な報告・検証制度」を受け入れるか否かが、パリＣＯＰ21において最後まで中国やインド等が抵抗した点でした。途上国はまだ削減目標を掲げるだけでも大いなる貢献なのだから、国際的な検証を先進国並みに受けることは絶対にノーだと強く主張したのです。しかし、削減目標の達成が義務化されなかったパリ協定においては、この「国際的な報告・検証制度」が目標達成を促す最も重要な手段なので、先進国側は、中国・インドも含むすべての国が同じ「国際的な報告・検証制度」を受けるべきだと、強く願っていたのです。結局、前述した「高い野心同盟」で、欧州連合と一緒に途上国側の島国連合やアフリカ諸国が、この「国際的な報告・検証制度」を中国やインドも受けるべき、と迫ったことによって、最後には中国やインドも折れたのでした。

ようやく確保されたすべての国が同じ制度のもとで受ける「国際的な報告・検証制度」ですが、詳細なルール作りは、まだこれからの国際交渉にゆだねられています。この制度が十分に機能して、各国の削減の取り組みを促す仕組みになるのか？　それとも骨抜きになってしまうのか？　本当に効果的な温暖化対策に向けて、まだまだ世界の知恵が試されています。

公平感を左右するもう1つの重要な要素：資金支援と技術移転

温暖化の国際交渉において、資金支援と技術移転の話も重要な柱の一つです。この本ではこれまで温室効果ガスの削減について主に説明してきたので、あまり資金・技術について触れませんでしたが、実際の交渉においては、途上国の削減へ取り組む意欲は、この資金と技術支援次第と言っても過言ではないほど重要な点です。途上国が〝公平な条約〟と感じるためには、歴史的に排出責任のある先進国が「大幅に削減すること」と「途上国へ資金支援して技術移転すること」の両方の要素が必要だからです。というのは、世界全体として温暖化を抑えていくためには、途上国が開発を進める際、先進国がたどったような二酸化炭素を大量に排出するやり方ではなく、最初から低炭素型の開発である必要があるからです。そのためにはすでに開発された低炭素で省エネルギー型の技術を、なるべく早期に途上国へ移転していかねばなりません。

過去20数年間にわたる国際交渉において、途上国と先進国は資金と技術支援をめぐってもずっと対立してきました。２００９年のコペンハーゲンＣＯＰ15の時には、先進国側が途上国支援として、2020年までに1000億ドル（約11兆円）の資金を動員することを表明し、その後の交渉で、途上国への資金支援と技術移転を進めるために「グリーン気候基金」という新しい組織が立ち上がってはきています。その過程では日本も欧州連合やアメリカと並んで応分の資金支援を表明し、一定の交渉進展には寄与してきたのです。しかし、大規模な資金援助と技術移転を求める途上国から見ると「まったく足りない、もっと大規模に出すべきだ」、先進国側から見ると「経済状況も苦しく、有権者の意向もある中、大規模な資金支援の約束はできない」とずっと平行線の議論が続いているのです。

また、時代とともに、経済力や技術力の面で、途上国と呼ばれる国々の中でも力をつけた国が出てきたことが事情をより複雑にしています。パリ協定をめぐる交渉では、この傾向を反映して、資金と技術支援について、先進国のみが義務を負うのか、それとも一部の途上国も義務を負うのかが論点となりました。結果としてパリ協定は、たとえば資金支援については先進国の義務としつつ、途上国も自主的に貢献することで決着しました。ただしいくら出すかの数字は決められませんでした。資金支援と技術援助を具体的にいかに進めていくかは、パリ協定の今後の交渉における大きな課題の一つです。

深刻化する温暖化の影響に対する「適応」と「損失と被害」、「森林減少・劣化からの温室効果ガス排出削減」

温暖化の影響は深刻化する一方で、その悪影響は、お金も技術もない弱い途上国ほど強く受けてしまう、という矛盾があります。京都議定書ではそういった途上国に対して、温暖化の悪影響を軽減する「適応」のために資金や技術を支援する仕組みが入っており、パリ協定においては、適応の世界全体の目標を策定するなど、さらに適応の取り組みが強化されることになりました。また、「損失と被害」という新しい項目もパリ協定に初めて取り入れられました。「損失と被害」とは、温暖化の悪影響に対して備え(適応)をしたとしても、もはや取り返しのつかない損失や被害、たとえば、海面上昇のために居住地を追われ、内陸部へ移動しなければならない、といった被害に対応する仕組みを考える項目です。これは温暖化によってすでに回復不能な損失や被害がもたらされることを、公式に温暖化の国際協定の中で認めたことになります。実はこの「損失と被害」は、最も温暖化の被害に苦しむ地域の一つである島国連合が強く主張していたもので、パリ協定へ向けた交渉において、欧州連合らと一緒になって「高い野心同盟」を結ぶことによって、自らの主張を通すという勝利を得たものです。

また、「森林減少・劣化からの温室効果ガス排出削減」の項目も入りました。実は世界の熱帯雨林は木材や紙・食料の生産などのために大規模に切り倒されています。森林は成長する時に二酸化炭素を吸収しますが、伐採されると吸収してくれる源が減るだけではなく、燃やされると今度は二酸化炭素の排出源となってしまいます。こういった森林減少による排出は、今や世界の全排出量の2割も占めているのです。ところが熱帯雨林は過剰に伐採されているものも多く、いかにこういった森林減少を防いでいくかは、温暖化を抑えるためにも欠かせない課題なのです。以前から森林を保全し、減少や劣化を防ぐ取り組みに対して資金を出す仕組み等が計画されてきましたが、パリ協定ではさらにその仕組みが強化されました。

この適応も、損失と被害も、森林減少防止も、実はすべて「資金支援と技術移転」の話と言っても過言ではありません。なぜならば開発が遅れている途上国ほど、いずれの被害も大きく、自力では対処できないので、先進国や開発の進んでいる国からの資金と技術援助が頼りだからです。温暖化対策の国際条約とは、削減の分担の取り決めだけではなく、資金をどのように集めて、その資金と技術をどのように途上国へ提供していくか、といった支援の仕組みを持つことも大きな役割なのです。こういった適応、損失と被害、森林減少防止、さらにそれらを支える資金支援と技術移転を、いかに誠実に進めていけるかが、世界の温暖化対策の今後を左右する、重要な要素なのです。

京都議定書が作った「温暖化対策を経済活動に組み込む」仕組みを強化するパリ協定

もう一つ今後の温暖化対策を考えるうえで重要なポイントがあります。それは、京都議定書が産んだ新しい温暖化対策の仕組みで、温暖化対策を世界の経済活動に組み込んだことです。どんなに温暖化の危険性を説いても、環境のためだけに行動できる人はほとんどいません。しかし「炭素を排出するにはお金がかかる」という仕組みが導入されると、ほとんどの人が否応なく行動するようになります。つまりすべての人が関係する経済を使って、地球温暖化を抑える手法です。この仕組みをさらに発展させて、パリ協定でも使われることが決まりました。これからの温暖化対策には欠かせない「炭素を排出することにはお金がかかる」仕組みについて見ていきましょう。

その代表的なものに、炭素の排出に税金をかける「炭素税（環境税とも言う）」と、炭素を排出できる枠を取引する「排出量取引制度」があります。京都議定書は、先進国ごとに削減目標を定めた仕組みですが、言い換えると、各国ごとに「排出してもよい枠を割り当てた」ということになります。たとえば日本の場合には、第1約束期間に6％の削減目標であったため、94％の「排出枠」を持っていることになるのです。実際の排出量が、割り当てられた排出枠を超えてしまったら、どこかの国から排出枠を買ってきて、削減目標を達成したことにしてもよいというのが京都議定書のルールでした。その炭素を排出する枠を売買するのが排出量取引制度です。そしてその排出枠を売り買いするのが、カーボンマーケットです。炭素（＝カーボン）を取引するわけですから、カーボンマーケットと呼ばれています。

2020年以降のパリ協定においてもこの「排出量取引制度」をはじめとする炭素売買の仕組みを継続して使ってもよいことになりました。つまり、削減目標を持つ国は、自ら削減してもよいし、削減できなかった場合には、どこかの国から炭素の排出枠を買ってくることによって目標達成にあててもいいわけです。どんなルールになるのかは、今後のパリ協定における交渉にゆだねられています。

この「排出量取引制度」は、国と国との間の取引だけではなく、国内の温暖化対策としても効果的と認められたことから、欧州連合やアメリカの一部の州、日本の東京都や中国の一部の地域など、世界中に広がっています。今や世界の温暖化対策の主流となっている「国内排出量取引制度」については、第3章第3節でくわしく見ていきます。

パリ協定は各国に大いなる宿題を迫っている

ここまでパリ協定で決まった内容を見てきて、「ルール作りは今後の交渉にゆだねられている」ことが非常に多いことに気がつかれたでしょうか？　そうなんです。パリ協定は、世界で排出ゼロを目指す長期目標を持った画期的な協定なのですが、実は詳細なルールはまだ決まっていないことが多く、そのほとんどが今後の交渉に託されているのです。詳細なルール作りの段階で、きちんとしたルールになるのか、それとも骨抜きになるのかによって、効果が変わることが多いので、これからも世界各国で交渉して、よい内容のルールを作っていかねばならないのです。

またパリ協定は、各国にたくさんの宿題を迫る協定です。それぞれの国は、5年ごとに削減目標の案を出し、公平だと思う理由をつけて他国の目標案と比較し、目標が決まってからは目標を達成できる施策を入れて実施していき、その達成状況を国連に報告しては、国際検証を受ける、というサイクルをこれからずっと続けていくことになります。このようにパリ協定ではこれから5年ごとのサイクルで動いていくことになるのですが、実はパリ協定の最初の各国の目標は、２０２５年目標を持つ国(アメリカ等)と２０３０年目標を持つ国々の両方があります。これは5年ごとに統一されることに決まっており、現状２０３０年目標を持つ国(日本を含む)は、２０２０年に再度２０３０年目標を国連に提出する必要があります。その際にはできれば目標を更新することが求められています。

もちろん、適応の取り組みも行わねばなりませんし、途上国への資金や技術援助も求められます。それらの取り組みも同じように国連に報告する必要があります。あくまでも世界各国がきちんと誠実に宿題をやってこそ、パリ協定は効力を発揮できるのです。したがって国連における温暖化の国際交渉は、詳細なルール作りを行うと同時に、各国の取り組みを監視し、検証するためにもこれからもずっと続いていきます。

政府以外の非国家主体が政府を超えるような温暖化対策を宣言している!

パリCOP21会議において、196か国の政府代表団が熾烈な交渉を繰り広げる横で、企業や自治体といった非国家主体が、野心的な温暖化対策を宣言する会議が同時並行で大々的に開催されました。国連のウェブサイトに「NAZCA」というプラットフォームが構築され、これまでに、1万を超える企業や投資家、都市、地域などが、それぞれの温暖化対策のアクションや約束を登録しています。たとえば都市のイニシアティブでは、ニューヨークやロンドンなどの大都市が同盟を作って大規模な排出削減を打ち上げています。世界の人口の半分が都市に住んでいると言われていますから、都市の温暖化対策は非常に効果的なのです。また排出ゼロにチャレンジする大企業が集まった同盟もあります。再生可能エネルギー100%を目指す企業の集まりもあります。再生可能エネルギーへの投資を促進する同盟を立ち上げた世界的な投資家のリーダーたちもいます。とかく短期的な国益に引っ張られがちな政府と違って、都市や自治体・企業の方が、むしろ政府を超えて、より野心的な温暖化対策の行動を宣言しているのです。パリ協定が成立した裏には、こういった都市や自治体、投資家、企業グループの積極的な姿勢も大きく寄与したのです。これからも自治体や投資家、企業のリーダーシップが期待されます！

エネルギー大転換の動き

パリ協定の成立を可能とした背景に、もう一つ世界で広がる「エネルギー大転換」の動きがあります。たとえばアメリカが温暖化対策に積極的な姿勢に変わったのは、シェールガス革命の恩恵を受けたためもあります。シェールガスとは、頁岩(けつがん)(シェール)層から採取される天然ガスで、技術的に採取困難であったものが、2005年ごろからアメリカで低コストの生産技術が確立されたことをきっかけに広まったものです。経済的な理由で石炭から天然ガスへ転換していったアメリカですが、石炭から天然ガスに変えると排出量が減るため、温暖化対策にもなるのです。また、欧州連合では、再生可能エネルギーが商業的に普及してきて、十分に経済的なエネルギーになっていることが挙げられます。中国は近年最も風力発電が急増している国となっており、インドも太陽光発電の増加を爆発的に見込んでいます。こういった「エネルギー大転換」の動きによって、排出をゼロにしていくという非常に野心的な目標でも、各国が考慮に入れる余地ができたのです。このエネルギー大転換の動きをも背景に、各国はパリ協定の成立に力を尽くしたと言えるでしょう。エネルギー大転換は、これからも世界の温暖化対策の進展に大きな影響を与えていくので、巻末に掲載した槌屋やブラウンの本などを参照して、これからも動きを追ってください！

パリ協定のこれから

すべての国を対象としたパリ協定が成立し、今後の世界の温暖化対策の方向性は決められました。画期的な合意ができたわけですが、これまでの説明でわかる通り、これで温暖化対策の国際交渉が終わるわけではは残念ながらありません。それぞれの国が誠実に削減対策を実施しているのか、実施状況をきちんと報告するのか、先進国が資金や技術を十分提供していくのか、などをしっかりと監視していく必要があります。これらのどれが欠けてもせっかくのパリ協定が道半ばで挫折（ざせつ）してしまう恐れもあるのです。たとえば先進国が十分に資金提供しなければ、途上国が先進国を責めて、削減対策をしないぞと態度を硬化させるでしょう。また各国が5年ごとに掲げることになっている目標案が、その国の責任から考えて著しく不十分である場合、他の国が公平でないと怒って自らの削減目標も弱めていくことも十分にあり得ます。非常にデリケートなバランスの上にようやく合意された協定だけに、このような事態がいくらでも発生しうるのです。

課題は山積みで、まだまだ難しい交渉が待ち受けていますが、とにもかくにも世界約２００か国が、いずれ排出をゼロにする長期目標を持ち、しかも法的拘束力のあるパリ協定に合意したことは、本当に歴史的な快挙でした！　パリ協定を活かして世界の温暖化対策を力強く進めていくことが今最も求められています。

第３章

日本の温暖化対策と
エネルギー政策

日本は現在世界第5位の排出国です。世界人口73億人のうち、日本は1億3000万人と1.8%を占めるだけですが、排出量は世界の3.7%も占めており、温暖化に対して責任が重いと言えます。しかも技術大国であり、世界第3位の経済大国でもあります。最先端の温暖化対策を行える技術と資金を持っている国として、世界が日本にかける期待は大きいのです。

地球温暖化対策とは、最終的には国際交渉で合意されたパリ協定などの国際合意を、国内の政策として策定し、温室効果ガスの削減や適応を実施していくことにあります。温室効果ガスは、ほとんどが化石燃料を起源とする問題であるため、温暖化問題とは多くの国にとってエネルギー問題です。特に日本では国の温室効果ガス排出量の9割がエネルギーからの二酸化炭素であるため、日本ではどのエネルギーを選択するかが温暖化対策そのものと言っても過言ではありません。

2011年3月11日の東日本大震災に続く福島第一原子力発電所の事故は、日本のエネルギーに対する考え方を根本から変えました。それまでは安全神話に基づいて原発の利用は拡大される一方でしたが、原発のもたらした計り知れない被害を目の当たりにして、国民的議論が巻き起こったのです。それまでの日本の温暖化対策は、二酸化炭素を排出しないエネルギー源ということで、かなりの部分を原発に頼っているところがありました。それが根本から覆（くつがえ）された今、温暖化対策も根本から考え直す必要性に迫られたのです。それまで冷遇されていた、太陽光や風力発電などの再生可能エネルギーにも光が当たり始め、これからのエネルギーの主流とする見方も芽生えました。第３章では、激動の変化の最中にある日本の地球温暖化対策を、エネルギー政策と合わせて見ていきましょう。

第１節　日本の温暖化対策の特徴

日本の温室効果ガスの排出量は、外部要因で推移してきた

まずは、日本の温室効果ガスの排出から見ていきましょう。日本の出している温室効果ガスの量は２０１４年度に約13億６５００万トン（二酸化炭素換算）で世界の排出量の3.7％を占めます。排出量の内訳は二酸化炭素が約90％を占めており、産業活動による化石燃料からの

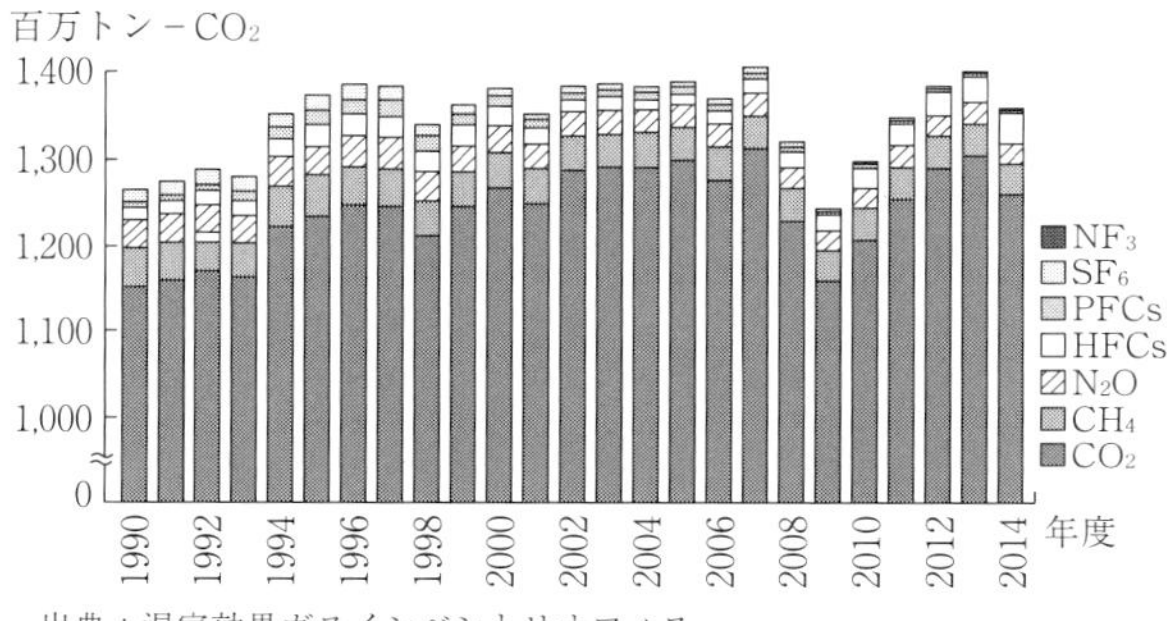

出典：温室効果ガスインベントリオフィス

二酸化炭素の排出が主であることがわかります。グラフを見てもわかるように、日本の排出量は、京都議定書の基準年である１９９０年から、ほぼ右肩上がりに、２００７年まで増加してきました。本来は気候変動枠組条約及び京都議定書の約束で１９９０年から排出量は減少させていかなければならなかったのですが、日本はできませんでした。その後２００８年、２００９年にがくんと排出量が減ったのは、２００８年にアメリカを発端とする世界金融危機（リーマンショック）が起きたからです。金融危機で世界の経済活動が停滞して、日本の産業も打撃を受けた結果、排出量が減ったのです。そのあと経済の回復に伴って排出量も再び増加していましたが、２０１１年に東日本大震災と福島第一原発事故が起き、日本社会は多大なるダメージを受けました。原発の稼働が激減した結果、原発が発電していた分を、代わりに化石燃料で発電することになり、結果として二酸化炭素の排出量は再び増加したのです。結局、日本の排出量は金融危機や原発事故など外部要因で減ったり増えたりしてきたということがわかります。日本は温室効果ガスを削減させることを目的とした温暖化対策を1990年からスタートさせていたのですが、その効果は目に見える形ではほとんど現れなかったということになります。第2節、第3節でその経緯と要因について見ていきましょう。

日本で最も多く排出しているのは、電力部門と産業部門

次に、二酸化炭素の排出量でどの部門が多く排出しているのか、見ていきましょう。温暖化対策を効果的に進めるためには、最も多く排出しているところから削減策を考えていくことがカギとなります。日本で最も多いのは「エネルギー転換部門」で40%を占めています(直接排出：コラム参照)。エネルギー転換部門とは主に電力会社のことで、電気を作るために排出されている二酸化炭素のことを言います。電気をどのエネルギー源から作るかが、日本の温暖化対策を進めるために最も重要であることがわかります。次いで大きいのが「産業

日本の部門別二酸化炭素排出量の割合（直接排出，2014年）

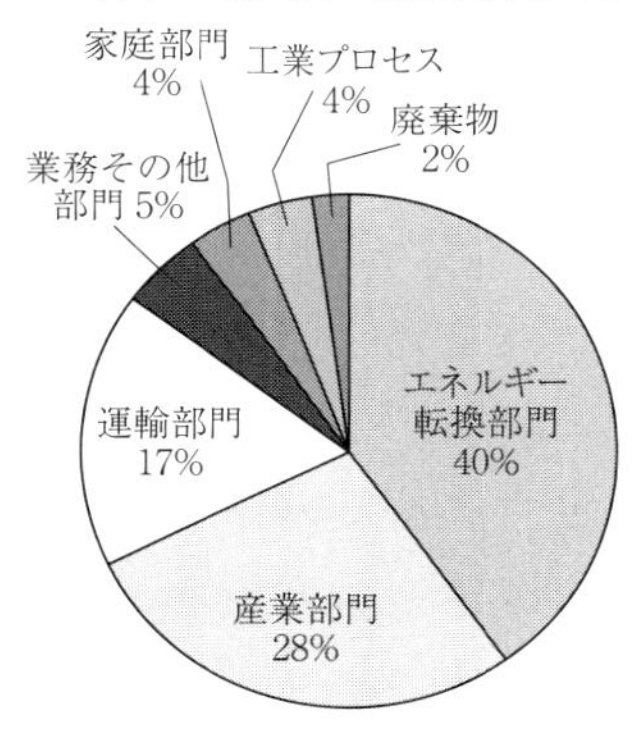

エネルギー転換部門：石油や石炭などから，電気などを作る電力会社やガス会社など
産業部門：鉄鋼業やセメント製造など，主に製造業の工場のこと（農林水産業，鉱業，建設業など非製造業も含まれる）
運輸部門：自動車，船舶，航空機など移動で消費されるもの
業務部門：オフィスビルや，店舗・病院・映画館など小売業やサービス業で消費されるもの
家庭部門：灯油やガスなど家庭で消費されるもの

出典：温室効果ガスインベントリオフィス

部門」の28%、これは主に鉄鋼やセメント製造などの製造業の工場から出る排出です。その他、自動車や航空などの「運輸部門」が17%、「業務部門（オフィスビルなど）」と「家庭部門」が合わせて9%となっています。最初の2つの部門、エネルギー転換部門と産業部門とで日本の排出量の約70%を占めています。日本で最もカギとなる温暖化対策は、これらの産業活動からの排出をいかに抑えるかであることがわかります。

コラム　直接排出と間接排出

排出量を見ていく場合には、「直接排出（電気・熱配分前）」と「間接排出（電気・熱配分後）」で計算する方法があります。「直接排出」とは、電気を作るときの二酸化炭素をエネルギー転換部門からの排出とみなすこと、そして「間接排出」とは電気を作るときの二酸化炭素を、工場や家庭など使用する側が排出したとみなすことです。日本は「間接排出」で表す場合が多いのですが、国際的に報告する際には「直接排出」が標準です。実際に電気を作るときの排出を減らすのは電力会社しかできないことなので、この本では効果的な温暖化対策を考えるために、より適している国際標準の「直接排出」で見ていきます。

第2節　日本の地球温暖化対策とエネルギー政策の変遷

日本の排出量は、主に外部要因で増えたり減ったりしたものの、温暖化対策の結果としては目に見える形では削減効果は現れなかったことを見てきました。日本の温暖化対策の歴史と内容を、エネルギー政策と合わせてチェックし、何が課題であるのかを見ていきましょう。

第2節では、まず日本の温暖化対策とエネルギー政策の歴史を、第2章で示した国際交渉の3つの段階に沿って説明していきます。

(1)第1段階：京都議定書採択の舞台となり、早いスタートを切った日本の温暖化対策

日本の温暖化対策は、国際交渉の第1段階「気候変動枠組条約から京都議定書」の時期(第2章第1節(1)参照)では、世界的にも早いスタートを切りました。1990年には「二酸化炭素の排出量を2000年以降はおおむね1990年レベルに安定化する」という目標を持つ「地球温暖化防止行動計画」が決定されたのです。これはまだ法律ではありませんでしたが、温暖化が人間活動によるかどうかが議論されていた当時としては早いスタートでした。しかし実際には温室効果ガスを抑えるための新たな削減政策は導入されなかったため、排出量は減少には向かいませんでした。

1997年に京都議定書が採択されると、翌年には地球温暖化対策の推進に関する法律(以後温暖化対策推進法と呼ぶ)が制定され、首相を本部長とする地球温暖化対策推進本部が設置されました。地球温暖化防止行動計画に変えて、「地球温暖化対策推進大綱」が公表さ

れ、初めて分野ごとの削減見込み量も示すなど少し具体化されてきました。２００５年によ うやく京都議定書が発効したので、温暖化対策推進法が改定されて、どのように京都議定書の目標を達成していくかの計画「京都議定書目標達成計画」が定められました。国内の企業が排出量を算定し、国へ報告する制度が導入されるなど、効果のある対策も導入されたのです。しかし世界的に効果が認められている温暖化対策である「環境税」(炭素を排出することに税をかける炭素税など)は、環境省が強く推進したにもかかわらず、産業界や経済産業省が日本の経済に悪影響を与えるとして大反対して、導入されずに終わりました。

２００８年には京都議定書第1約束期間が始まったことを受けて、「京都議定書目標達成計画」はさらに改定され、温暖化対策が国の施策として定着してきました。温暖化対策の効果はともかく、この第1段階では日本は温暖化対策に関する法律を制定し、計画を立てるなど、積極的に取り組んできたのです。いわば国際交渉で決まった京都議定書によって大きく背中を押されたと言えるでしょう。のちに京都議定書第2約束期間からは抜けてしまった日本ですが、京都議定書の存在は確実に日本の温暖化対策に関する法律制定に寄与してきたのです。

第3段階へ向けた国際交渉

2011年	COP17：COP21にて2020年以降の法的拘束力のある国際条約を採択することが決まる	日本，京都議定書第2約束期間に削減目標を掲げないこと（実質的には抜けること）を発表
第2段階（2013～2020年）カンクン合意と京都議定書第2約束期間の併存		
2013年	カンクン合意実施開始 京都議定書第2約束期間開始（先進国の参加はEU・豪のみ）	日本，カンクン合意下で自主的削減努力の実施 • 自民党政権下で2020年目標を3.8%削減（2005年比）に引き下げることを発表（基準年が1990年だと3.1%の増加目標） •「地球温暖化対策の推進に関する法律」改正 温暖化対策の計画を作ること等
2015年	COP21：パリ協定採択	• 2030年26%削減目標（2013年比）発表 •「地球温暖化対策の推進に関する法律」に基づく「地球温暖化対策計画」策定 2050年80%削減を目指すこと等
第3段階（2020年以降）パリ協定		
2020年	パリ協定第1貢献期間　開始予定	

（2）第2段階：揺れ動いた日本の温暖化対策

第1段階で、京都議定書を採択したＣＯＰ３会議の主催国として世界の温暖化対策をリードする勢いのあった日本は、第２段階である２０１３年以降の温暖化対策に向けた国際交渉（第２章第１節（２）参照）の時期においては、方針が大きく揺れ動きました。

国の方針というのは、温暖化対策に限りませんが、どの政

日本の温暖化対策の変遷(1990～2015年)

	国際交渉	日本の温暖化対策
第1段階(1992～2012年)気候変動枠組条約から京都議定書まで		
1990年		•「地球温暖化防止行動計画」決定 「二酸化炭素の排出量を2000年以降はおおむね1990年レベルに安定化する」という目標設定
1992年	気候変動枠組条約採択	
1997年	COP3：京都議定書採択	•「地球温暖化対策推進本部」が設置され「地球温暖化対策推進大綱」の公表 削減目標6%に向けてガス・分野ごとの割り振りが決められる
1998年		日本，京都議定書に署名 •「地球温暖化対策の推進に関する法律」制定
2002年		日本，京都議定書を批准 •「地球温暖化対策の推進に関する法律」改正 •「地球温暖化対策推進大綱」改定(新大綱)
2005年	京都議定書発効(2/16)	•「京都議定書目標達成計画」閣議決定 「排出量の算定・報告・公表制度」の新規導入等
2008年	京都議定書の第1約束期間開始(～2012年まで)	•「京都議定書目標達成計画」改定
2009年	COP15：2020年までの新条約が決まる予定だったが，不調に終わる	•民主党政権下で2020年25%削減目標(1990年比)を掲げた
2010年	COP16：カンクン合意(法的拘束力なし)成立	•民主党・自民党・公明党等が独自の地球温暖化「基本法案」を国会に提出したが，政治的混乱で廃案となった

第2段階へ向けた国際交渉

党が政権をとるかによって激変することがあります。この期間の２００９年に長く政権をとってきた自民党から民主党に政権交代し、その後２０１２年に再び自民党政権に戻るという、劇的な政権交代があり、温暖化対策に対しても大きく方針が変わったのです。

２０２０年25％削減目標で国際交渉のリーダーと目された日本

２００９年にデンマーク・コペンハーゲンで開催されたＣＯＰ15で、自民党から政権交代した民主党政権は２０２０年に25％削減（１９９０年比）という削減目標を公表しました。これは研究者や国際ＮＧＯからも、先進国間で最も野心的と評価された削減目標で、当時の日本は世界の温暖化対策を率いるリーダーとして国際交渉の推進役となったのです。しかしコペンハーゲンＣＯＰ15では、日本や欧州連合・アメリカの努力にもかかわらず、途上国との深刻な対立は解けずに合意が流れてしまったことは第２章第１節（２）に書いた通りです。そこまで日本は国際交渉を前へ進めようとする推進役のリーダー国として、影響力を発揮していたのです。

国内においても温暖化対策を進めようという機運が高く、２０１０年には民主党（当時の政権党)、自民党、公明党など各党が競って新たに温暖化に関する「基本法」を作ろうと国会に提案を出して、審議が進められていました。基本法とは、国の政治において重要なウェイトを占める分野に制定される法律で、国の制度や政策に関する理念や基本方針が示され、その方針に沿った措置を講ずべきことを定めるものです。この時の温暖化対策に関する基本法の提案の中には、長期的に温暖化対策を進める意思を示すために、2050年80%削減などの長期目標も提案されており、排出量取引制度や炭素税など有効な温暖化政策の導入をうたった提案もありました。しかし結局、福島第一原発事故後の政局の混乱で温暖化対策に関する基本法は成立することなく、2012年11月に廃案になってしまいました。

福島第一原発事故でエネルギーに関する国民的議論が沸き起こる

2011年3月11日、マグニチュード9.0の地震が東北地方太平洋沖で発生し、そのあと起きた津波とともに、東日本一帯に甚大な被害をもたらしました。その影響で東京電力福島第一原子力発電所では大事故が発生し、大量の放射性物質が放出されました。この事故は他の原子炉の安全性にも大いなる疑問を生じさせ、当時54基あった国内の原発は、停止、あるいは定期点検後に再稼働されず、日本での原発の稼働は激減したのです。これにより震災前には電気の3割を供給していた原発の代わりに、急きょ天然ガスなどの化石燃料の輸入が増やされて発電に使われました。化石燃料の使用が増えた結果、日本の排出量は増加したのです。

この事故まで、日本では原発は安全であるという根拠のない安全神話が信じられていたのですが、根底から覆され、エネルギーのあり方に対して国民的議論が巻き起こりました。当時の政権党であった民主党は、直ちに「エネルギー・環境会議」という会議を立ち上げ、将来どのようなエネルギー源で日本の需要を賄っていくべきなのか、議論を始めたのです。この「エネルギー・環境会議」では、2030年のエネルギー政策において、原発の利用比率を「0％」、「15％」、「20－25％」とする3つの選択肢を提示して、国民に問いました。

このようにエネルギーのあり方に国民的関心が集まる一方で、温暖化対策の議論は低調になりました。原発の是非をめぐって激論が戦わされる中、今そこにある危機としては感じにくい温暖化への関心が低くなったことはやむを得ないことではありました。それでも当時の民主党政権は「原発への依存度を下げるための方策を具体化する中で検討される省エネや再生可能エネルギー、化石燃料のクリーン化は、二酸化炭素の削減にも寄与するもの」という姿勢で、エネルギーに関する選択肢と表裏一体となる形で、温暖化対策の選択肢も示してはいました。しかし最終的な議論の中では、上記の原発の比率だけの選択肢となって国民に問われたのです。

このエネルギーの選択肢をめぐる国民的議論の過程では、意見聴取会やパブリックコメント、討論型の世論調査などが行われ、1年後には「2030年代に原発稼働ゼロを可能とするように、あらゆる政策資源を投入する」という方針が発表されました。もはや原発の新設や増設は行わず、いずれゼロにするという方向性が示されたのです。

激変した日本のエネルギーと温暖化対策に対する方針

ところが2012年12月に、民主党政権から安倍首相率いる自民党政権へと交代すると、すぐさま民主党政権時のエネルギー戦略を一から見直すことが経済産業省に指示されたのです。さらに国連に提出していた2020年25％削減という日本の目標も見直すように環境省に指示がなされました。そして2013年に日本は2020年25％削減目標（1990年比）の撤回を正式に国連に表明し、新たな2020年目標として3.8％削減（2005年比）を発表しました。これは国際社会を大変失望させました。あまりにも目標レベルが下がったからです。日本の新たな2020年目標である3.8%削減(2005年比)は、京都議定書の基準年である1990年を基準とするならば、1990年よりも減らすどころか、3.1%増やす目標でした。つまり日本は京都議定書第1約束期間で削減したはずの6%(1990年比)をも帳消しにして、2020年までに温室効果ガスの排出量をさらに増やす、という目標を世界に発表したわけです(図参照)。

もちろん温暖化対策の国連交渉の場においても、東日本大震災・福島第一原発事故後に日本の置かれた非常に厳しい状況は深く理解されており、その日本において直近の2020年までに25%削減はもはや不可能であろうことは浸透していました。しかし、仮に原発で発電していた分をすべて化石燃料の中で最も排出量の多い石炭火力に変えたとしても、日本の排出量の7~8%を占める程度(1990年比)です。そのため、25%削減目標をたとえば15%削減に弱めるくらいは、国際社会も予期していたと思いますが、それを削減どころか増加させる目標に変えたのは、もはや原発事故のせいではなく、政権交代に伴う政治的意図だと評価されたのです。欧州連合や島国連合は、大震災や原発事故という、日本の困難な状況に理

日本の 2020 年目標，基準年を 1990 年と 2005 年に変えた場合の削減量の違いを示すイメージ図

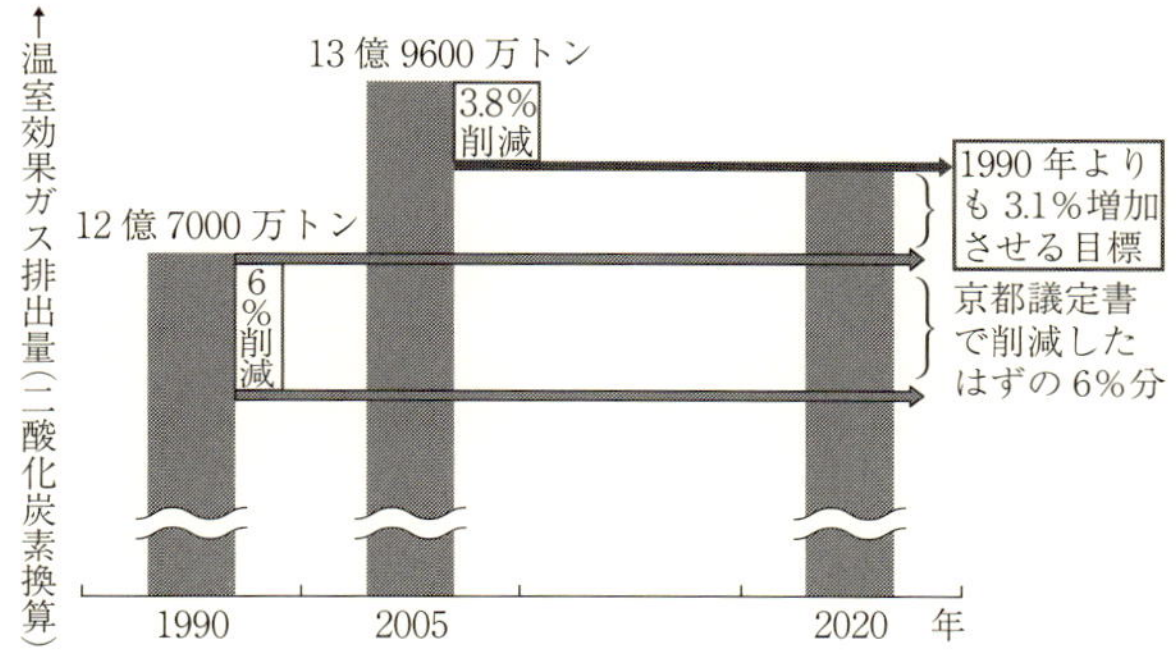

国の排出量は毎年異なるので，削減目標の基準年が変わると，削減しなければならない量が変わることになる．日本の場合は，2005 年は 1990 年よりも排出量が多い年であったため，基準年を 1990 年から 2005 年に変えて 3.8% の削減目標となれば，1990 年よりも排出が 3.1 %増加する目標となる．

解を示しながらも、「日本の新目標に対して遺憾の意を表明し、この目標が国際交渉に悪影響を及ぼすことを懸念する」という声明を出したほどでした。国連の温暖化交渉において、国レベルで正式に他の国に苦言を呈する声明が出されるのは極めて異例なことです。

その前年には日本は京都議定書第2約束期間に削減目標を掲げないと宣言していました(第2章第1節(3)参照)。その理由は「先進国の排出量が世界排出量に占める割合は下がっているから、もはや先進国だけに削減義務を課す京都議定書には意味がない」ということ

でしたが、京都議定書の存続を歴史的排出責任のある先進国が削減のリードをとる象徴と見ていた途上国側に、他に公平だと思われる代替案を示すことはありませんでした。京都議定書にノーと言いながらも、自らの削減目標は著しく下げる、といった日本の姿勢は、すべての国が参加する新たな条約を作ろうとしていたCOP会議の国際交渉において、途上国側の態度を硬化させてしまう要因ともなったのです。

2012年に京都議定書第1約束期間は終了し、日本は第1約束期間の6％削減の約束はきちんと果たしました。しかし第2段階の2013年からはカンクン合意の下で、自主的にこの弱い削減目標の達成努力をしていくだけになったのです。国内では新たな温暖化対策の「基本法」も制定されず、京都議定書時代に作られた「地球温暖化対策推進法」の改正のみという最低限の法改正の対応となりました。

(3)第3段階：パリ協定成立までの交渉における日本の対応

第3段階へ向けた国際交渉(第2章第1節(3)参照)においては、世界は2020年以降のすべての国を対象とする法的拘束力のある国際条約(パリ協定)を成立させようと、2015

年の採択を目指して交渉を加速させている時でした。日本も含めて世界各国は、この新たな国際条約で掲げる削減目標の案を、2015年のなるべく早い時期に国連に提出することが求められました。温暖化対策はエネルギー問題ですから、この新たな削減目標（日本の場合は2030年削減目標）を決めるには、2030年のエネルギーのあり方を決める必要がありました。

前政権のエネルギー戦略（原発をいずれゼロにする）を一から見直すことにしていた政府は、2014年1月から経産省の下の審議会で2030年のエネルギーのあり方について議論を開始しました。そして、特に公聴会や世論調査など国民の声を積極的に聞く機会は設けないまま、翌年の7月に、原発を再び主要なエネルギー源と位置付けた2030年に向けた「長期エネルギー需給見通し」を発表したのです。震災後にほとんどすべての原発が停止している中、2030年には原発を再び20～22％程度（電力に占める割合）活用するという内容でした。この20～22％という割合は、今ある原発を通常の耐用年数の40年を超えて使い続けるか、それとも新しい原発を作らなければ達成できない割合でした。日本の原発政策は、福島第一原発事故を経てもいまだ主要なエネルギー源として使い続ける、という姿勢が示されたので

2030 年のエネルギー見通しの構造

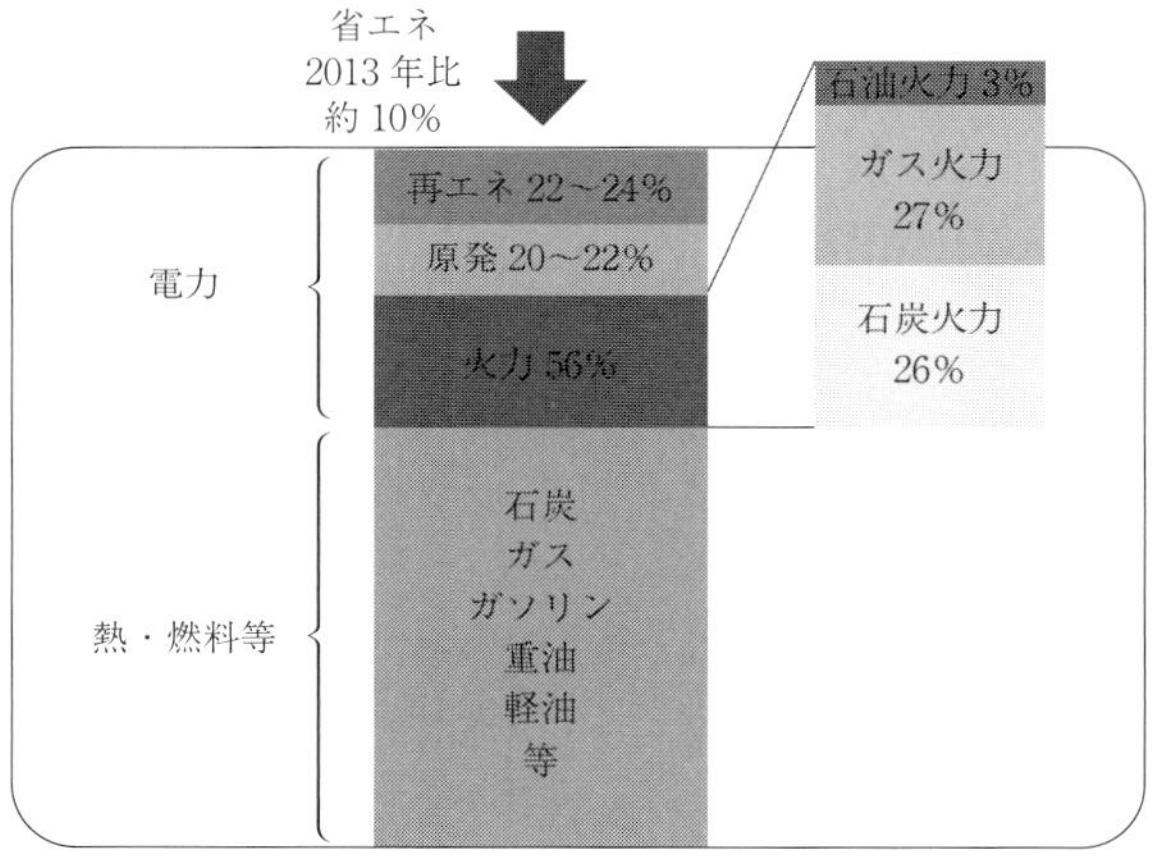

日本の使っているエネルギーのうち，電力に使われる分は 4 割程度．残りの 6 割は，熱や燃料等の用途として，都市ガス(天然ガス)，ガソリンなどの輸送用燃料(石油)や工場で必要な石油や石炭などからなる．省エネルギーは，電力だけではなく，こういった熱や燃料用途のエネルギーも対象とする．

出典：長期エネルギー需給見通し 2015 年 7 月から作成

す。

一方で、二酸化炭素を排出せず、安全な国産エネルギーである再生可能エネルギーの利用は、22～24％程度とされました。現状の再生可能エネルギーの導入量は水力を入れて約12％ですから、これから15年の間に10％程度の増加ということになります。さらに、二酸化炭素を排出する化石燃料の中でも最も排出の多い石炭を、２０３０年においても26%という高さで維持することが示されました。また、温暖化対策として最も効果のある省エネルギーは、日本の必要とするエネルギー全体に対して２０１３年より約10%減と示されました。

日本の２０３０年の温室効果ガスの削減目標案

同じ7月に、日本は２０３０年の温室効果ガスの削減目標を、上記のエネルギー見通しに従って決定し、２０３０年に26%削減する（２０１３年比）という目標を国連に提出しました。第2章第1節（３）「各国の削減目標をどうやって「公平に」決めるか？」のところで説明したように、パリＣＯＰ21会議に向けて目標案を事前に国連に提示する際には、自国の目標案が何をもって公平だと考えるかの説明が求められます。各国は様々な公平性の指標を使って、自国の目標を「他の同じ開発レベルの国と比べても野心的である」とそれぞれ力説し、日本もこの26%削減目標を他国に比べても十分に野心的な目標だと説明しました。前述したように、各国の目標比較は、様々な研究機関や国際ＮＧＯによっても行われます。その発表によると、日本とよく比較される欧州連合やアメリカの目標が概して「中程度」の評価を受けているのに対し、日本の目標は低い評価に留まっています(コラム参照)。日本はもっと削減する力があると世界が期待していることになります。

パリ協定成立までの国際交渉において、目標案のレベルが公式に交渉されることはなかったのですが、積極的な目標案を出した国は、新条約の推進にも熱心であると見られ、交渉の成立に向けて大きな影響力を発揮しました。欧州連合やアメリカなどがパリ協定の成立に向けて存在感のある役割を担ったことは第2章で説明した通りです。日本は残念ながらパリCOP21においてはほとんど存在感はありませんでした。

ともかくにもパリ協定が決まったので、これから世界の温暖化対策が加速されていくことは間違いありません。日本は言うまでもなく世界から期待される技術大国で経済大国です。削減目標というのは、国の温暖化対策を進めるカギとなるものです。パリ協定では、2020年に再度2030年目標を提出することになっていますから、日本も今回の2030年26%削減という目標を最低ラインととらえて、国内における温暖化対策を加速していくことが求められています。

パリ協定における日本と欧州連合、アメリカの削減目標の比較

代表的な先進国として、日本とアメリカ、欧州連合の目標を比較してみましょう。比較の一例として、京都議定書の基準年である1990年からの削減率で見てみると、欧州連合は2030年に1990年比で40%削減。アメリカは2025年に2005年比で26〜28%の削減目標であるため、まず基準年を1990年にして換算し、さらに2025年までの同じ削減率で2030年目標として換算すると、2030年には27%程度の削減となります。それに対し、日本の26%(2013年比)の目標は1990年比にすると18%程度の削減となって、削減率ではどちらの国・地域からも見劣りすることがわかります。パリ協定ではどの基準年を使うのも各国の自由ですが、そもそも京都議定書において1990年が基準年となったのは、温暖化が人間活動によることが科学的な根拠をもって語られ始めたのが1990年ごろからであったため、先進国の場合は1990年からの削減努力を見るのが妥当という考えからでした。

パリ協定における国別削減目標案の比較（1990 年比で統一）

	国別削減目標案	1990 年比
日　　本	2030 年　－26%（2013 年比）	約－18%
アメリカ	2025 年　－26～28%（2005 年比）	約－27%*
欧州連合	2030 年　－40%（1990 年比）	－40%

*アメリカの 2025 年目標は 2030 年目標に換算.
出典：世界資源研究所からWWFジャパン作成

なお、削減目標の比較は、基準年からの削減率の比較だけではなく、世界各国の研究機関が様々な公平性の指標を用いて行っています。代表的な公平性の指標としては、①1人当たりの排出量をすべての国で等しくしていく、②歴史的な排出責任がある先進国が多く削減する、③経済力と技術がある国が多く削減する、④温室効果ガスの削減費用が安くすむ国で削減する、などがあります。くわしくは各国の比較研究をまとめたClimate Action Tracker(http://climateactiontracker.org/)などを参照してください。

第3節　エネルギーと温暖化政策の転換期にある日本

日本の温暖化対策の特徴：産業界の〝自主的な〟環境行動計画が主

これまでの日本の温暖化対策の歴史と姿勢を見てきた後に、今度は日本の温暖化対策の特徴を見ていきましょう。第1節で見たように、日本で最も多く排出しているのは、エネルギー転換部門（電力）と産業部門で、この2つで約70％を占めます。日本の温暖化対策の大きな特徴としては、この2つの産業部門（および運輸や業務部門の一部含む）に対して、国が定める削減政策（直接排出規制や排出量取引制度など）ではなく、実質的に産業界の〝自主的な〟削減の行動計画に頼っていることです。もちろん、有効な政策として「エネルギーの使用の合理化に関する法律（省エネ法）」において省エネルギー対策が強化され、最も省エネ性能が優れている機器（トップランナー）の性能以上に省エネ基準を設定する「トップランナー制度」など、優れた省エネ効果を上げているものもあります。しかし、産業部門全体にかかる温暖化対策としては、日本の代表的な企業や業界団体が所属する日本経済団体連合会（経団連)による自主的な削減行動計画にゆだねられたのです。

経団連は、1997年の京都議定書の採択に先立って「環境自主行動計画」と呼ばれる自主的な削減計画を策定しました。これは経団連に所属する34業種が、それぞれ業界ごとに"自主的に"削減目標を掲げて実施していくというものです。この環境自主行動計画は、「産業・エネルギー転換部門からの参加業種からの2010年度の二酸化炭素排出量を1990年度レベル以下に抑える」ことを目標に実施されてきました。結果として、京都議定書第1約束期間(2008~2012年度)における二酸化炭素排出量は、1990年度比で12・1%削減したと経団連から発表され、「自主的な取り組みでも効果を上げている」とされています。しかし排出量の計算方法が、国際的な標準方式である直接排出(発電時の排出を発電所の排出とみなす)を使っておらず、間接排出(発電時の排出を消費側の排出とみなす:くわしくは100ページのコラム参照)で示されていました。そこで直接排出で計算し直してみると、実は削減しておらず、むしろ1990年よりも10%程度増えていると指摘されています(出典:気候ネットワーク)。その要因としては、各企業が自主的に目標を定めるため、どうしても目標を出来る範囲に留める傾向があることや、目標の形を排出量やエネルギーの総量、あるいは原単位(コラム参照)など都合の良いものを選べることが挙げられるでしょう。

２０１３年から２０２０年にかけては、経団連の自主行動計画は「低炭素社会実行計画」と名を変えて、継続されています。日本が京都議定書第2約束期間に削減目標を掲げなかったことを反映してか、この計画の中では産業界全体としての定量的な削減目標は設定されず、「２０５０年における世界の温室効果ガスの排出量の半減目標の達成に日本の産業界が技術力で中核的役割を果たすこと」という抽象的な目標となりました。つまり日本が果たすべき目標ではなく、より責任があいまいになる世界全体での目標が掲げられたのです。政府の国際交渉における姿勢によって、国内の産業界の温暖化対策の意欲が大きく左右されることがわかります。

２０２０年以降２０３０年に向けては、この低炭素社会実行計画をアップデートして、「２０３０年に向けた経団連低炭素社会実行計画(フェーズⅡ)」の実施が発表されました。こちらも定量的な目標設定はされずに「従来の２０２０年目標に加え２０３０年の目標等を設定するとともに、主体間連携、国際貢献、革新的技術開発の各分野において、可能な限り取組みの強化を図る」ことがうたわれています。

経団連は、炭素税や排出量取引制度などの経済的手法の温暖化対策には否定的で、自主行動計画で十分だとしています。企業が誰にも強制されずに自主的に削減に取り組み、誰がどの程度削減するのかということがあいまいな自主行動計画の中でもそれぞれの削減目標を決めて実施し、第三者からの評価や見直しを受ける、という点では、大いに評価されてしかるべきでしょう。しかし、日本の排出量の最も大きい部門に対して中核の温暖化対策として位置付けるには、その削減実績は不十分であったと評価せざるを得ません(出典：大坂等)。

世界を見渡すと、2015年末に今世紀後半に排出ゼロを目指すパリ協定が決まったことを考えると、もっと効果的な削減政策へと移っていく時が来ているのではないでしょうか？まさにこれから日本においても長期的には排出ゼロを可能とするような、効果的な温暖化の政策である、規制や排出量取引制度の導入や炭素税の強化を考える時です。

原単位目標とは？

原単位目標というのは、車の生産を例にとると、車を１台生産するのに使われるエネルギーの消費量や二酸化炭素排出量を削減するということ。つまり、生産の効率は上がりますが、目標年に原単位目標を達成したとしても、車の生産台数そのものが基準年より増加していると、実際には二酸化炭素の排出量が増加してしまうことがある、という目標です。

「炭素の排出にお金がかかる」制度：炭素税や排出量取引制度の導入が必要な日本

世界の温暖化対策として広く導入され、効果を上げているものとしては、経済的手法といわれる、炭素税や排出量取引制度が挙げられます。日本には、まだ「キャップ・アンド・トレード型の国内排出量取引制度」（次項で説明）は全国レベルでは導入されていません。炭素税もわずかな税額でしか入っていません。

炭素税と国内排出量取引制度とは、温室効果ガス（二酸化炭素が主となる）を排出するにはお金がかかるようにして、ガスの排出を減らそうという仕組みです。炭素の排出に税をかけるのが炭素税。そして、炭素の排出量に上限をもうけて、自分で削減するか、排出していい枠を売り買いして削減目標を達成するのが、排出量取引です。いずれにしても二酸化炭素を排出するにはお金がかかるという仕組みを政治的に作りだして、二酸化炭素の排出を減らしたくなる気持ちを促し(インセンティブを与えて)、排出削減を経済的に促す政策です。こうした仕組みが実行されると、二酸化炭素を多く排出して作られる物は値段が高くなるので、消費者は自然に二酸化炭素の排出量が少ない物やサービスを選ぶことになります。私たち全員が、意識しなくても温暖化対策に携わることになるのです。

炭素税については、2012年に、石油や石炭にかけられる税に上乗せする形で、地球温暖化対策のための税として導入されました。しかしかけられた税金はほんのわずかであったため、消費者に「二酸化炭素の排出の多い製品を買うのをやめよう」と思わせるには至っていません。それでもその税収は省エネルギーや再生可能エネルギーのための財源として有効に活用されています。今後パリ協定の実施のためには、税率を上げてもっと効果的な炭素税の導入が必要となってきます。

排出量取引制度は、2008年秋から「試行的実施」と呼ばれる実験が始まりましたが、参加も目標値の設定も自由で、しかも目標は原単位でも総量でも都合のよい方を選べるという「自主行動計画」を強化したようなものにとどまりました。しかし地域レベルでは、２００８年から東京都がキャップ・アンド・トレード型の排出量取引制度を都内で導入して、目覚ましい省エネルギー効果を上げています。

世界に目を転じると、第2章第2節で述べたように、キャップ・アンド・トレード型の排出量取引制度は、その効果の高さから導入する国や地域が増える一方です。欧州連合に加えて、オーストラリア、ニュージーランド、アメリカの州レベルでも行われており、２０１５年からはなんと中国の一部の地域でも開始されたのです。結局は日本の企業にとっても、これらの国々と取引するためにはその国に導入されている排出量取引制度と付き合わねばならないので、日本においても温暖化対策のためだけではなく、世界のビジネス取引の観点からも早期の導入が得策ではないでしょうか？　いずれにしても、今世紀後半には排出ゼロを目指すパリ協定を実施していくためには、産業界の取り組みが自主的な行動計画だけでは不十分であるのは明らかなので、「炭素排出にお金がかかる」ようにする政策の導入が早期に求められています。

世界で続々と誕生している排出量取引制度：カーボンマーケットを理解しよう！

ここで世界に広がるキャップ・アンド・トレード型の排出量取引制度を説明しましょう。第2章第2節で説明したように、排出量取引制度とは京都議定書から生まれた制度で、炭素の排出枠を売買する制度です。炭素を売買する市場は、カーボンマーケットと呼ばれます。京都議定書では、国と国とが排出枠を取引する制度ですが、それを国内の温暖化対策として活用したのが「国内排出量取引制度」です。その原動力は、２００５年に欧州連合で始まったキャップ・アンド・トレード型の域内排出量取引制度です。キャップとは、ふたのことで、ふたをかぶせる、つまり、排出していい枠を割り当てることをいいます。そのキャップ内で、排出枠の取引（英語でトレード）を行えるようにするということで、キャップ・アンド・トレード型といいます。

この国内排出量取引制度のいいところは、あらかじめ排出が許される量を決め、その分だけ排出枠を発行するので、対象部門全体で見ると、確実に排出量の削減が行える点にあります。それぞれの事業所は、省エネ技術を入れるなど自力で排出削減する費用と、他の事業所から排出枠を購入する場合との費用を比較して、安い方を選ぶことができます。結果として、

キャップ・アンド・トレード型の「国内排出量取引制度」の仕組み

(ア) まず，国内排出量取引制度が対象とする範囲を決めて，基準となる年から，目標とする年の対象範囲全体の削減量を決める．たとえば，6% の削減目標なら，基準年の排出を 100 とすると，94 が排出枠，つまり排出していい枠となる．

(イ) 次に何かの基準に基づいて，対象部門の各部門に排出枠を配分する．続いて，それぞれの部門で，部門を構成する事業主ごとに，排出枠を振り分ける．

①たとえば，A 事業所，B 事業所それぞれに 5 トンずつ排出枠を発行する．

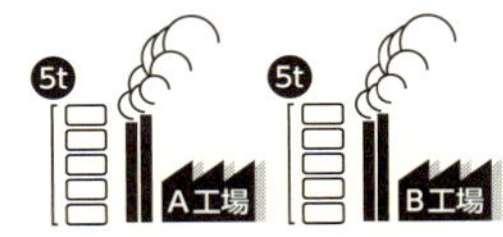

②1 年たって A 事業所では，省エネが功を奏して，2 トン削減できたとする．
それに対して，B 事業所は，7 トン排出してしまったとする．

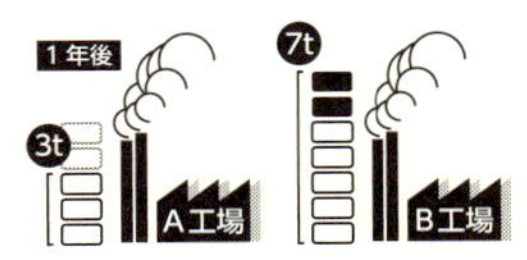

③そこで，B 事業所は，A 事業所から 2 トン排出枠を購入する．
これで，2 事業所ともに排出枠を守ったことになる．

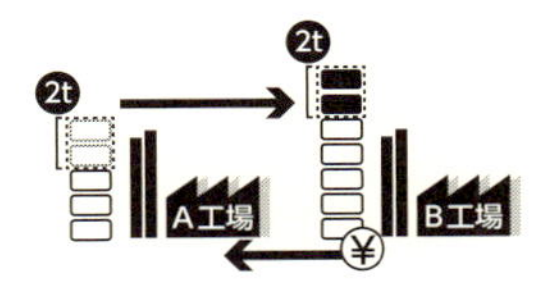

(ウ) 決められた期間が過ぎたら，それぞれ配分された排出枠と，実際に排出した量を見合わせる．排出量が排出枠内におさまっていれば，それらの事業所は，制度のルールを守ったことになる．

(エ) それぞれの事業所が，自ら削減するか，排出枠を購入して，割り当てられた枠を守れば，対象部門全体で見れば，あらかじめ決められた量の削減が行われたことになる．

削減費用が低いところが削減を多く行うことになるので、社会全体で見れば、最も少ない費用で削減できることになります。この2点が、排出量取引制度の優れたところで、その効果の高さから導入する国が増えているのです。パリ協定の成立で、ますますキャップ・アンド・トレード型の排出量取引制度などの「炭素排出にお金がかかる」仕組みの温暖化対策は世界に広がっていくでしょう。これからグローバルな社会で活躍する皆さんにとって、この「炭素排出にお金がかかる」仕組みを知っておくことは有益ですので、しっかり理解してください!

再生可能エネルギーの重要性に目覚めた日本

原発に対する方針は政権交代に伴って揺れ動きましたが、一方で福島第一原発事故をきっかけに大きく前進したのは、再生可能エネルギーに対する姿勢でした。再生可能エネルギーとは、水力、太陽光、風力、地熱など自然を活用したエネルギーのことです。使ってもなくならないので、再生可能エネルギーと呼ばれます。従来、日本は原発を重視するあまりに、再生可能エネルギーの導入は他の先進国に比べて大幅に遅れていました。しかし福島第一原発事故を経て、国民の関心が飛躍的に高まり、安全でかつ温室効果ガスも出さず、しかも国内で賄える国産エネルギーであるといった点で、大きな注目が集まったのです。10年以上他の先進国よりも遅れましたが、日本もようやく再生可能エネルギーの育成に乗り出しました。

前の民主党政権の下で2012年には再生可能エネルギーを育てる政策「固定価格買取制度」が導入されました。「固定価格買取制度」とは、再生可能エネルギーで発電した電力を、電力会社が、一定期間、高い買取価格で固定して買い取ることを、国が義務づける制度です。たとえば自宅やビルに太陽光発電の設備を取り付けようとしても、設備がまだ高いのでなかなか買う人がいないとします。しかし発電した電力を電力会社が高い価格で10年や20年などの長期間にわたって買い取ってくれるならば、10年くらいで投資した分が回収でき、そのあとは得になる見通しがつくので、太陽光発電の設備を導入しようという意欲が生じるわけです。ここでのポイントは、電力会社が再生可能エネルギーの電気を高く買い取った分の費用は、一般の電力価格に上乗せされるということです。つまり再生可能エネルギーを後押しする費用を、電力の使用者、つまり私たち全員で、広く薄く分担するという発想です。この制度を導入したドイツ、スペイン、デンマークでは、飛躍的に再生可能エネルギーの比率が伸びており、効果の大きさが証明されています。

実際に日本においても固定価格買取制度が導入された２０１２年から、急激に再生可能エネルギーが伸びています。実は震災前には大規模な水力発電を除くと、日本の風力や太陽光発電が電力に占める割合は、１％にしかすぎませんでした。ドイツやスペインなどがすでに同じころに20％から30％も再生可能エネルギーが導入されていたことを思うとあまりにも見劣りする状況でした。しかし固定価格買取制度が始まってからは特に急激に太陽光発電が増加して、２０１５年には電力に占める割合は約３％に伸びてきました。申し込みがすんでいる再生可能エネルギー施設全体では、日本においても数年のちには20％を超える勢いになっているのです。

これだけ効果的な固定価格買取制度ですが、再生可能エネルギーを高く買い取った費用は、電気代の上乗せという形で、電力の消費者全員の負担となります。そのため過度な負担を避けるために、再生可能エネルギーを買い取る価格を適宜見直していく必要があります。しかし技術というのは大量に使われるようになると価格が下がっていくもので、太陽光発電の設備費用も大幅に下がってきつつあります。これからより少ない買取価格でも採算が取れるようになるでしょう。さらに風力や地熱などの再生可能エネルギーも伸びていけば、いずれは再生可能エネルギーの方が化石燃料を使うよりも安くなる日も近いと思われます。そもそも太陽光や風力は燃料がいらないものですから、再生可能エネルギーが増えれば増えるほど、日本は外国から高いお金を払って化石燃料を輸入する必要もなくなるのです。今後の日本の温暖化対策にも経済にも再生可能エネルギーはカギとなるのです！

化石燃料の使用を抑える技術と政策

国内で温暖化対策を進める上では、排出の少ないエネルギー源を〝増やす〟だけでは十分ではありません。もう一つ考えるべき重要な点は、排出の多いエネルギー源を〝減らす〟こと、すなわち化石燃料の使用をいかに抑えていくかです。化石燃料を使い続ける限り、温室効果ガスは排出されるので、パリ協定で決まった「今世紀後半に排出ゼロ」を目指すためには、化石燃料の使用を抑える仕組みが必要なのです。特に化石燃料の中でも、石炭が最も二酸化炭素の排出が多いことは第1章第3節で説明しました。つまり同じ化石燃料でも、石炭の代わりに天然ガスを使うならば、同じ量の電気をつくるのに半分の排出ですむので、石炭をこれからも使い続ける、というのが最も温暖化抑止のためには悪い選択肢になるのです。

しかし日本では、石炭の使用が１９９０年以来一貫して増え続けてきました。なぜならば石炭は安くて世界のあちこちにあるため、輸入しやすいからです。石炭を規制する法律もなかったため、石炭火力発電所は次々に増えて、日本の排出量を１９９０年から２００７年にかけて押し上げた要因ともなりました。そして２０１１年の福島第一原発事故後に温暖化対策が後回しになった機運の中、再び石炭火力発電所を新設しようという動きが活発になっています。石炭火力発電所はいったん建設されると40年は稼働するので、これから新設されれば２０５０年ごろまで排出量を多く出し続けることになります。これではパリ協定で決まった「今世紀後半に排出ゼロ」に沿った削減は到底実現できないことになります。そのため、石炭の使用をいかに抑えていくかは、温暖化対策の大きな課題なのです。

なお、たとえ石炭火力発電所を作ったとしても、第1章第3節で説明したＣＣＳ（炭素回収貯留：化石燃料を使う際に出てくる二酸化炭素を回収して、それを地中に埋め戻すという技術）を使えば、二酸化炭素の排出を抑えることが出来ます。つまり火力発電所にＣＣＳをつけるならば、化石燃料を使い続けても、温暖化を抑えることができるのです。ＣＣＳはまだ商業化されておらず、しかも高い費用がかかりますが、どうしても石炭火力を使い続けるならば、ＣＣＳを義務化する政策を入れるべきでしょう。

温暖化対策を進めるには、二酸化炭素を出さない再生可能エネルギーを育てると同時に、二酸化炭素を出す化石燃料の使用を抑えていくこと、特に石炭の使用を抑えることが大切なのです。そのための規制や政策などを導入していくことが、今後求められていく温暖化対策です。

日本は乾いた雑巾か？

「日本は世界一の省エネルギー国家であるため、絞れるだけ絞った〝乾いた雑巾〟である。だからもはや省エネルギーの余地は少ない上、その費用は他の国よりもはるかに高い」という主張をよく耳にします。漠然とそう思っている人も多いと思います。本当にそうでしょうか？　確かにオイルショック後は官民挙げて省エネに励み、１９９０年ごろの日本は最高の省エネ国家でした。しかし、その後25年間にはほとんど進展がなく、むしろエネルギー効率が悪くなってしまった産業もあるのです。これに対して他の先進国は、１９７０年には日本

日本の製造業のエネルギー効率の変化

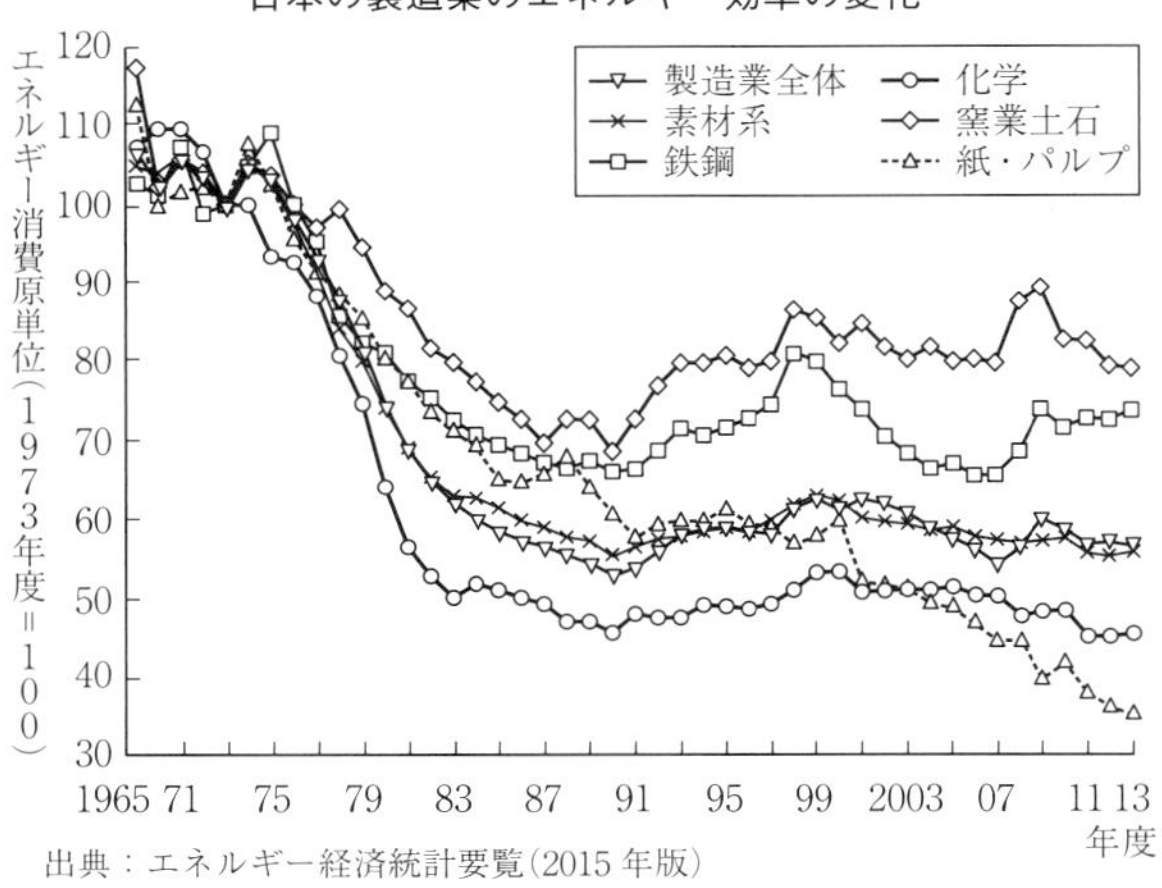

出典：エネルギー経済統計要覧（2015年版）

よりも悪かったエネルギー効率を、過去30年間で大幅に上げて、今ではほとんど日本並みか、日本を上回っているところも多くなりました。日本はもはや唯一の省エネ・世界一国ではないのです。

日本でもまだまだ省エネルギーの余地はたくさんあります。意外かもしれませんが、日本でもエネルギーのうち有効に利用されているのは約40％で、残り60％は〝排熱〟として捨てられています。実際に一つ一つの工場など事業所ごとに見ていくと、エネルギー効率にずいぶん差があるので、効率の悪い事業所の効率を上げることによってまだまだ多くの削減余地があるのです。たとえば旧型の火力発電所では燃料のエネルギーの約4割しか電気になっておらず、あとは排熱として捨てられています。それを最新鋭のガスコンバインドサイクル発電（ガスタービンと蒸気タービンの2段階で発電する効率の高い発電方法）に変えると、5割電気に変えることが出来ます。さらにコジェネレーション（発電した後の排熱を工場の熱利用に回すなどして、電気と熱の両方を使う）に変えると、7〜8割も利用することができるのです。また工場の冷凍空調機器を例にとってみると、たとえば半導体工場のクリーンルーム（チリや埃を高度に取り除いた部屋）では、1年中ずっとこうした空調が運転され、多くのエネルギーを消費しています。しかし冷凍空調技術の技術革新（ヒートポンプ等）は目覚ましいので、最新の空調機器に更新すると、エネルギー消費を実に3割から6割も減らすことが出来るのです。さらに工場には空調のほかにもポンプや送風機などいろいろな機械設備がありますが、古い設備では需要が多くても少なくても一年中ずっとフル出力で運転されているものが多くあります。それをインバータ（需要に合わせて出力を変えられるようにする技術）付きの設備に取り換えると、さらに2〜3割の省エネルギーになるのです。いずれも確立された技術で、しかも投資したあとに元を取る期間も、インバータ化などでは1〜3年くらいといわれています。設備を更新する場合には投資回収に5〜10年かかる場合もありますが、10〜20年以上設備を使うことを考えると、十分に元がとれることになります。そのほか熱の使いまわしなど、まだまだ工場の省エネルギーには多くのやり方があります(出典：歌川等)。未来的な革新技術の開発を待つまでもなく、すでに普及している技術をさらに改良しながら飛躍的に普及を進めることで、日本のエネルギーは、今と同じ生活レベルを維持しながら、4〜5割減らせるという研究報告もいくつも発表されています(参照：西岡、槌屋等)。当初はある程度の省エネルギーに対する投資が必要ですが、数年のちには元がとれ、最終的にはむしろ大きな儲けになることが示されているのです。

こういった事業所の省エネルギーを進めるには、やはりその企業のトップが省エネルギーを進める、という強いリーダーシップを示すことが大切です。私が見学した先進的な工場では、トップの指揮の下で、社員の一人一人が生き生きと創意工夫しながら、各工場の省エネルギー機器の導入を決めて進めていました。このグローバル企業はなんと世界中にある工場からの排出をゼロにすることにチャレンジしているのです。省エネルギー技術は日々改良されていますから、最新鋭の事業所ではない限り、どんなところにも常に省エネルギーの余地があることになります。こうした省エネの積み重ねで私たちはエネルギーの消費量をどんどん減らしてくことが可能なのです！

今ある技術を急速に普及させていくには、社会変革が必要

ではどうすれば、これらの技術の急速な普及を実現できるのでしょうか？　できることはわかっているけれどもやらない、それを「やらなければならない」、あるいは「やりたくなる」ように、社会のあり方や考え方を変革することが必要です。二酸化炭素を出すことはよくないこと、しかもお金がかかる、となったら、発電所も工場も私たち全員がなるべく二酸化炭素を出さない製品を作ったり買ったりするようになります。石炭からの二酸化炭素の排出にもお金がかかるとなると、石炭よりも天然ガス火力発電所の方が半分以下の排出ですみますから、天然ガスへの転換も進むでしょう。さらに、二酸化炭素をまったく排出しない風力発電所など再生可能エネルギーも価格的に釣り合ってきて普及が進むでしょう。工場の省エネルギー行動も進むことになります。そのためには、二酸化炭素を出すことを規制したり、お金がかかる仕組み、炭素税や排出量取引制度が導入されることが大切なのです。

それに排出規制や排出量取引制度などの削減政策が導入されれば、省エネルギー技術や低炭素技術を売りにする企業にとってはさらなるビジネスチャンスになります。実際に再生可能エネルギー関連事業者は社会変革を歓迎しています。また賢明な企業はすでに事業をシフトさせようとしています。たとえば、今までガソリン車を作っていた企業が、ハイブリッド車を多く作るようになったり、さらに電気自動車や燃料電池車の開発を進めています。家の断熱機能を高め、太陽光発電を屋根に載せ、使うエネルギーをゼロにした家を売りにする住宅メーカーもあります。こういった省エネルギー技術や再生可能エネルギー技術には、ますます社会からの要請が高まり、さらに技術改良が進んで価格も安くなっていきます。このような低炭素・脱炭素技術に強い企業は世界から人気が高まって、さらに事業が拡大するでしょう。低炭素化・脱炭素化へ向けた社会の変革は、新たなビジネスチャンスをもたらすのです!

パリ協定で、世界は「今世紀後半には排出をゼロにする」ことに合意しました。これからの社会の方向性は世界共通して低炭素化・脱炭素化に決まったのです。ぜひこの低炭素・脱炭素競争に先んじる日本であってほしいものです!

第４章

私たちに何ができるのか？

地球温暖化の科学からはじまって、世界が協力して温暖化対策を進めるための国際交渉、そして日本の温暖化対策の取り組みを見てきました。全体像が見えた後に、第4章ではこれから私たちに何が求められているのか、私たちに何ができるのかを考えていきましょう。

2015年末のCOP21で決まったパリ協定は、今世紀後半に人間活動による排出をゼロにすることを、世界共通の目標として決定しました。2050年には97億人に達すると予測される人口を養いながら、そのすべての人が文化的な生活を欲するのを満たしながら、温室効果ガスの排出をゼロにしていくのです。それは途方もない挑戦に聞こえるかもしれませんが、IPCCの報告書は、まずゼロに向かっていく途中の2020年、2030年にやっていくべきことを具体的に示しています。まずは省エネルギーを最大限に進めること、そして低炭素エネルギーを急速に伸ばしていって、2030年に向けて全エネルギーの約2割、そして2050年には6割を、低炭素エネルギーから供給することが出来るならば、2度シナリオを達成できる可能性があると、IPCCは指摘しています。ではどうやって達成していけるのか、見ていきましょう。

第1節　温暖化対策を進めるために必要なこと

温暖化対策とは①省エネルギーを進めることと②低炭素・脱炭素エネルギーに変えること

すごく単純に言ってしまえば、温暖化対策とは、①省エネルギーを進めることと、②低炭素・脱炭素エネルギーに変えていくこと、この２つを実施していくことです。

①省エネルギーを進めること
①－１：エネルギーを使う量そのものを抑えること
①－２：使うエネルギーの効率を高めること
②低炭素・脱炭素エネルギーへ変換していくこと
②－１：より少ない炭素のエネルギーに変えていくこと
②－２：炭素を出さないエネルギーに変えていくこと

これがどういうことなのか、身近な例で見ていきましょう。たとえば照明の場合、日本では無駄な照明が多くみられます。繁華街の過剰なネオンサインや、駅やデパートの明るすぎる照明などを見て、「こんなに明るくする必要はないのにな」と思う方も多いと思います。こういった無駄な照明をまず抑えることが、①‐1：使うエネルギーそのものを抑えることです。そして①‐2：エネルギー効率を高めることとしては、同じ照明でもはるかにエネルギー効率の高い発光ダイオード(LED)照明等に変えれば、蛍光灯よりも消費する電力を半分以上も減らすことができます。LEDはすでに確立された普通の技術で、技術的には日本の照明をすべてLEDに変えることには何の問題もありません。さらに②の低炭素・脱炭素に進んでいくには、LEDに使われる電気の源を再生可能エネルギーなどに変えていく必要があります。

次に自家用車を例にとって見てみましょう。まずはマイカーを使う頻度を減らして、公共交通機関を使うことがなんといっても、①‐1：エネルギーを使う量を減らすことになります。そして車を買う際には、無用に排気量の大きい車を選ばないことです。さらに①‐2としてエネルギー効率を高めた車、つまり燃費の良い車を選ぶことです。ハイブリッド車（ガソリンでスタートした後には、電気に切り替えてモーターで走る車）等も選択肢に入るでしょう。こうすれば車を使った生活でもエネルギーをあまり使わないスタイルになります。これが①の省エネルギーを進める段階で、これはすでに誰でもできます。さらにいずれは、②の炭素を出さないエネルギーへと進んで、電気自動車（電気モーターで走る車）や燃料電池自動車（水素を燃料とする車で、水素と大気中の酸素を反応させることで自動車モーターを回すので、ガソリンが必要なくなる。しかも水しか出さず、排気ガスも出さない）を選べるようになれば、世界中で車が使われても、二酸化炭素を出さない生活に変えることができるのです。ただし燃料電池自動車等は、まだ本格普及に向けた初期段階なので、手に入れることは可能ですが高価です。また電気自動車といっても、電気が石炭火力発電などで作られていては温暖化を抑えることにはつながらないので、電気の源を再生可能エネルギーなどに変える必要があります。燃料電池自動車の燃料となる水素の製造方法を含めて、まだ改善すべき技術的な課題は多いのですが、②のエネルギーの脱炭素化も、車の例で行けば、もう手の届く範囲に来ていると言えるでしょう。

排出ゼロを目指す、と聞くと途方もない挑戦に聞こえるかもしれませんが、このように一つ一つ解きほぐしていくと、ＩＰＣＣの報告書が伝えている通り、今の技術とその延長線上での技術革新で温暖化を抑えていくことは実現不可能なことではないのです！

電気を脱炭素化するために必要なこと

温暖化を抑えるための省エネルギーや低炭素化の技術は無数にありますが、中でも重要なのは、電気の源を低炭素・脱炭素エネルギーに変えていくことです。第1章第3節で説明した通り、低炭素エネルギーには、再生可能エネルギー、原子力、ＣＣＳの3つがあります。しかしＩＰＣＣの報告書が伝えているように原子力には多大なるリスクがあります。ＣＣＳは高価であるうえ、日本では取り出した炭素を埋める適地が少ないといった課題があります。そこでこの本では温暖化対策として最も技術的に成熟しており、安全な国産エネルギーである再生可能エネルギーを主に取り上げていきます。

再生可能エネルギーには、水力、風力、太陽光、地熱、バイオマスなどいろいろな種類があります。このほかにも海洋発電などもありますが、ここではすでに実用段階にある再生可能エネルギーに絞って、今後増やせる可能性を見ていきたいと思います。水力発電は、水に恵まれている日本では古くから活用されている発電方法ですが、狭い国土の中では大規模な水力ダムとして展開するには限界があり、環境保全の意味からももはや新規に建設できるところは見込めません。しかし田畑の用水や小さな川などに作る、中小規模の水力発電はまだできるところがたくさんあります。風力発電は、特に北海道や東北地方を中心に、風が強く、風力発電に適した場所がたくさんあります。四方を海に囲まれた日本では、安定して吹

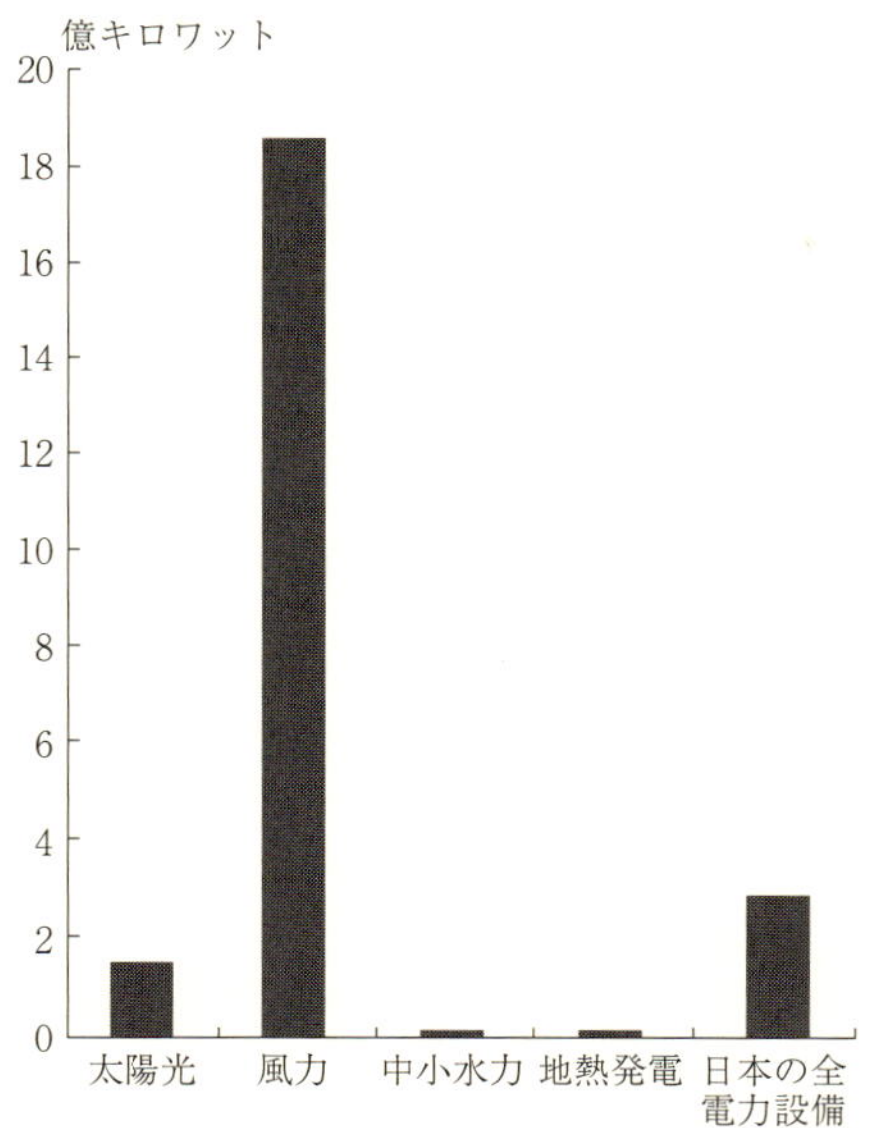

出典：環境省「平成22年度再生可能エネルギー導入ポテンシャル調査」から作成

く海風を利用した洋上風力発電の可能性もあります。太陽光発電は、太陽の照るところ、つまり日本ではどこでも作ることができます。地熱を活用した発電は、火山国日本では多くの適地があります。ただ自然を保護するために設けられた国立公園の中にあることが多いので場所は限られますが、それでもかなりの可能性があります。バイオマス発電は、木くずや燃えるゴミを加工した燃料などを使った発電方法で、森林を有する日本では、木材や紙の原料にできない木を使うなど、もっと活用できる発電です。

これらがどの程度日本で可能性があるのかを、環境省の調査でみると、太陽光と風力だけでも設備容量(発電所が最大に発電できる量)の可能性は約20億キロワットもあることがわかっています。現在日本にある全部の電力の設備容量は約3億キロワットですから、私たちが必要とする量をはるかに上回る可能性(導入ポテンシャル)があるのです。もちろん再生可能エネルギーは設備利用率が低い(太陽光は夜に発電しないとか、風力発電は風がないときは発電しないなど)のですが、それを考慮しても再生可能エネルギーだけで日本の電気を賄うことも十分に可能なだけのポテンシャルはあるのです!

再生可能エネルギーの課題と解決策

再生可能エネルギーには課題もまだたくさんあります。

まず一つ目は日本では再生可能エネルギーの種類によってはまだ割高な発電設備もあることです。そのため、何らかの補助がなければ普及していくことが難しいのです。第３章第３節で説明した固定価格買取制度などの政策が必要となります。しかし、再生可能エネルギーは世界的に急速に導入が進んでいるので、普及につれて価格が目に見えて低下しています。太陽光発電は世界中で急速に価格が下がっており、風力発電にいたっては欧州やアメリカなどでは、すでに石炭火力発電よりも安くなっているところもあります。日本では太陽光や風力発電の普及が欧米に比べて10数年遅れたため、まだ相対的に割高ですが、いずれは欧米並みに下がる日も近いでしょう。しかも化石燃料の火力発電所と違って、自然の太陽光や風力が元手なので、燃料費がかかりません。したがって最初は設備投資が必要となりますが、いずれは燃料費がいらないことで、むしろ太陽光や風力発電所の方が火力発電所よりも得になってくるのです。

もう一つの再生可能エネルギーの課題は、風力や太陽光は天気次第で発電する量が変動することです。電気は、発電する量と、消費する量が常に一致していないと停電を起こしてしまいます。そのため消費量に合わせて発電しなければならないのですが、天気次第で変わる風力や太陽光にはそれが難しいのです。しかし解決方法はあります。天気予報を使うと明日どの程度太陽が照って、風が吹くか、わかりますから、それによって風力や太陽光がどの程度発電するかを予測することができます。その予測に従って、足りない分の電気だけを火力発電所で発電して調整すれば、この問題は解決することができるのです。実際に再生可能エネルギーの発電する量が、電力の20〜30%を超えるような国々(欧州、アメリカなど)では、こうした運用が行われています。

また、水力発電や地熱発電など、再生可能エネルギーの中でも発電出力を調整できるものもありますので、火力発電の代わりにこういった再生可能エネルギーで調整することもできます。特に使えるのは揚水発電と呼ばれる水力発電所です。これは山の中に上池と下池を作って、電気が余っているときにはポンプを使って下の池から上の池に水を送っておき、電気が足りない時には、上の池から下の池へ水を流して水力発電を行い、電気を作るシステムです。いわば電気を貯めたり、放出したりすることができる、大きな蓄電システムなのです。

この揚水発電は、もともとは原発で発電する電気を、人が寝静まって電気を使わない夜中に貯めておき、反対に電気が必要な日中に電気を供給するために作られたものなのですが、原発の稼動が非常に少なくなった今は、再生可能エネルギーの変動を吸収するために使えばよいのです。そのほかにもいろいろな蓄電池が開発されつつあります。今はまだ蓄電池は高価なのですが、近い将来に価格が下がっていくことが見込まれます。

つまり、再生可能エネルギーに関連する技術はまだまだ改善が必要ですが、日本や世界中のエネルギーを賄っていく大きな可能性があるのです。いずれはすべて再生可能エネルギーの社会も夢ではないでしょう！　再生可能エネルギーは安全であり、純粋に国産エネルギーであるために外国からの輸入に頼る必要もありません。さらに発電設備はどんどん安くなってくる見込みで、燃料費もいりません。今はまだ化石燃料発電よりも割高ですが、いずれ元がとれてそのあとは得になることを考えると、再生可能エネルギーへの投資が最も賢明な選択と言えるのではないでしょうか？

しかも、２０１６年4月からは消費者が電力会社を選べるようになりました。再生可能エネルギーを売りにする電力会社も出てきています。私たちが再生可能エネルギーの電力会社を選ぶことによって、日本の再生可能エネルギーの普及を直接応援することができるのです。積極的に再生可能エネルギーを選ぶことも非常に効果の高い温暖化対策です！

考えてみよう！　日本のエネルギー選択と温室効果ガス削減目標

ここで皆さんの考える２０３０年の理想のエネルギーの将来像を考えてみましょう。エネルギーの将来像を考えることは、そのまま日本の２０３０年の温室効果ガスの削減目標を考えることにもなります。

まずは最も大切なのは省エネルギーです。省エネルギー技術には様々なものがあり、やり方次第で大きな可能性があることを見てきました。ここではパリ協定を実現していくために、最大限に省エネルギーすることにしましょう。２０１５年に示された政府の２０３０年エネルギー見通しでは、エネルギー全体に対して２０１３年比で約10％減の省エネルギーに留められましたが、２０１２年当時に環境省から示された温暖化対策の選択肢には約20％減（２０１０年比）というものもありましたので、ここでは少なくとも20％以上削減することといたしましょう。

残ったエネルギーをどんなエネルギー源で賄うかを考えていきます。本来は、日本の使っているエネルギーは、電力に使われる分は４割程度で、残りの６割は天然ガスやガソリンなど熱・燃料用途(１１４ページ参照)ですが、ここでは話をわかりやすくするために、電力だけに絞って考えていくことにしましょう。

電力を作るには、再生可能エネルギー、原子力、そして化石燃料の天然ガス、石炭、石油などがあります。それぞれのエネルギーのメリット、デメリットを考える際には、大きく分けて４つの面から考える必要があります。

①安全であるか：事故を起こした時に甚大な被害をもたらすリスク等がないか

②安定的に供給できるか：日本では化石燃料はそのほとんどを輸入に頼っている。たとえば輸入先の石油産出国で政情不安が起きたりすると、日本は輸入できなくなってしまう。そのため１つの国に頼るのではなく、なるべく多くの国から輸入するなどリスクを分散する必要がある。この観点からは国内で産出する国産エネルギーがベスト

③経済的であるか：経済活動を行うには、なるべく安いエネルギーが必要

④環境に悪影響がないか：大気汚染や地球温暖化など悪影響を引き起こさないか

今の段階では残念ながら４つのすべての条件を満たすエネルギーはありません（コラム参照）。どれを優先するかによって、様々なエネルギーの選択がありえます。４つの面から考えて、それぞれのエネルギーのメリット、デメリットを考えていきましょう。表にはそれぞれの電源の代表的なメリットやデメリットを記しておきましたが、巻末の参照文献などを参考に皆さんでさらに調べて書き込んでみてください。

③の経済性を考える参考として、それぞれの電源の２０１４年の今の価格と２０３０年の予測価格の表を示しておきます。２０１４年の価格で、高い電源の割合を多くすると電気料金は高くなり、安い電源の割合を多くすると電気料金も安くなることになります。ただ、石炭や天然ガスなど化石燃料の価格は２０１４年も２０３０年もほとんど変わらないという予測ですが、再生可能エネルギーは技術の進歩が見込まれるので、２０３０年には価格が下がり、特に太陽光や風力は２０３０年には２０１４年の半額になってくる見込みです。２０３０年時点の予測価格も念頭に置いて検討してください。

④の環境の悪影響をはかるには、第1章第3節で示した化石燃料の排出する二酸化炭素の排出係数の図(35ページ)を参考にしてください。二酸化炭素の排出係数が高いほど、温暖化を進めてしまうことになります。なお二酸化炭素を多く出す化石燃料は、ほかの大気汚染物質も排出することも知っておいてください。

①の安全性を考える際に知っておくべきことは、今ある原発のうち、40年たった古い原発を使わず、さらに原発の新設もしないならば、2030年には日本の原発の割合は大体15%前後になるということです。つまりあなたの考える原発の割合が15%を超えるならば、古い原発の延長か新設が必要です。ちなみに政府の2030年エネルギー見通しで示された原発20~22%というのは、40年以上の古い原発を延長して使うという前提です。

さあ、皆さんは2030年の日本にとってどんなエネルギーの割合が望ましいと考えるでしょうか？　どうしてそう考えるのかも合わせて、皆さんの考える2030年の日本のエネルギー選択を書き込んでみてください。2015年に日本政府が発表した2030年のエネルギー見通しと、それに従って決められた温室効果ガスの削減目標も、参考として示しておきます。

エネルギー割合を書き込んだ後は、温室効果ガスの削減目標も考えてみましょう。削減目標とは、要は温室効果ガスを出さないエネルギー(原発と再生可能エネルギー)の割合と、化石燃料の中で石炭を多くするか少なくするかによって決まってきます。政府のエネルギー選択では、二酸化炭素を出さないエネルギーが合わせて約45%で、残りの化石燃料のうち石炭の割合が26%です。もしあなたの考える二酸化炭素を出さないエネルギー割合の合計が45%を超え、石炭の割合を26%よりも低くとるならば、政府の設定した温室効果ガスの削減目標26%を上回る目標になります。逆ならば、政府の目標を下回る削減目標を提案することになります。つまり、あなたの考える2030年のエネルギー選択は、2030年の日本の削減目標を考えることでもあるのです。

さあ、いかがでしたか? 書き込んだらぜひ他の皆さんと比べてください。人によって大きく考え方が異なることが感じられると思います。ぜひ、自分と異なる選択をした人とじっくり話し合ってみてください。一番大切なことは、お互いにオープンな気持ちで多様な考え方を受け入れながら議論を深めることです。将来のエネルギー選択や温暖化対策を考えることは、自分たちの未来の社会を考えることです。ぜひ積極的にトライしてみてください!

日本のエネルギー（電力）の構成の変遷を４つの面から見た場合

１９６０年代から、日本は経済成長と共に化石燃料の使用を増やしてきました。しかし１９７０年代の第１次、第２次石油ショック（産油国が同盟を結んで、石油の供給量を調整し、大幅に価格をひきあげたこと）で、②の安定供給が大きく揺らいだため、原子力を増やし始めたのです。原子力は少ない材料で大量の電力を得られるから、②の安定供給と③の経済性の両方を満たせるという理由からでした。１９９０年代から２０１０年までは原子力発電所の増強は国策となり、さらに、二酸化炭素を排出しないエネルギーだから④の環境配慮にも貢献するものとして、日本の温暖化対策という位置づけまで与えられてきたのです。しかし原発は①の安全性を大きく損なうものであったことは、福島第一原発事故が突きつけた現実でした。

発電電力量の電源別推移

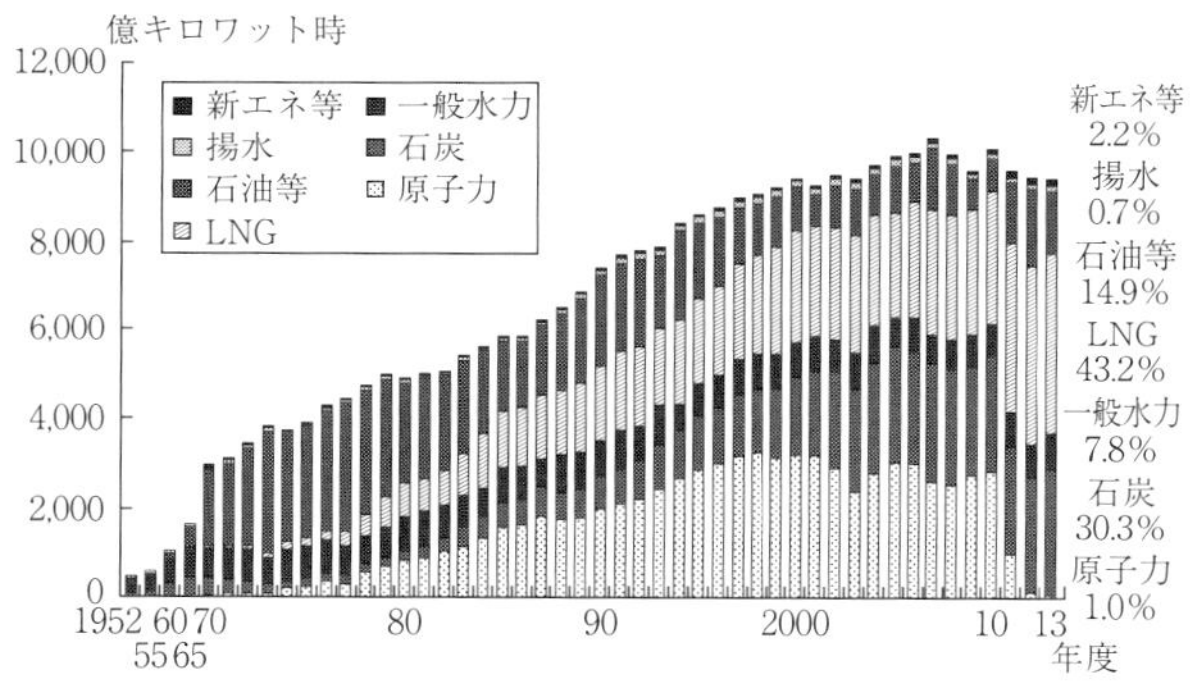

出典：エネルギー白書 2015

2014年と2030年の電源コスト試算(モデルプラント試算結果)

電源	再生可能エネルギー(大規模水力除く)					原子力	化石燃料		
	太陽光(メガ+住宅)	風力(陸上)	バイオマス	地熱	小水力		天然ガス(LNG)	石炭	石油
2014年発電コスト(円/kWh)	24.2～29.4	21.6	12.6～29.7	16.9	23.3～27.1	10.1～	13.7	12.2	30.6～43.4
2030年発電コスト(円/kWh)	12.5～16.4	13.6～21.5	13.2～29.7	16.8	23.3～27.1	10.3～	13.4	12.9	28.9～41.7

出典：経産省「長期エネルギー需給見通し小委員会に対する発電コスト等の検証に関する報告」2014から作成

2030年のエネルギーの割合を考えよう

エネルギー源	メリット	デメリット	2030年政府のエネルギー見通し	あなたの考えるエネルギー割合
再生可能エネルギー	•安全 •国産エネルギー •バイオマスを除いて燃料代がいらない •温室効果ガスを出さない	•まだ設備費用が割高なものもある •天気次第で変動する(風力・太陽光) •コントロールに技術の進歩が必要	22〜24%程度	
原子力	•ランニング費用が安い •温室効果ガスを出さない	•リスクが非常に高い •核廃棄物など未解決問題が多い	20〜22%程度	
天然ガス	•化石燃料では温室効果ガス排出量が少ない	•輸入先が限られる	27%程度	
石炭	•安い •輸入先が多い	•大気汚染リスクが化石燃料で最も高い •化石燃料で最も温室効果ガス排出量が多い	26%程度	
石油	•	•化石燃料では費用が高め	3% 程度	
温室効果ガス削減目標			−26%(2013年比)	

第2節　私たちには何ができるのか、考えてみよう

あなたは低炭素・脱炭素化のために何ができるのか？

その①　話し合ってみよう！

ここまで、低炭素化・脱炭素化の様々なやり方を見てきました。実にいろいろな手法があることがおわかり頂けたと思います。最後に皆さんが何をできるのか、何をやってみたいかを考えてみましょう。

まずは知ることが最も大事です。このままでは100年後に4度程度も気温が上昇してしまうこと。そうなると取り返しのつかない悪影響が待ち受けていること。しかし気温上昇を2度未満に抑えることも可能であること。そのために世界が熾烈な国際交渉を繰り広げて、とうとうパリ協定という共通の温暖化対策の合意に達したこと。温暖化対策としては、省エネルギーを最大限に進めることが最も大切なこと。排出の多い石炭使用を増やしてはいけないこと。再生可能エネルギーには日本のエネルギーを賄える十分な可能性があること。温暖

化を抑えていくことは今の私たちの技術とその延長線上にあること！　ここまで読んでくれた皆さんはすでに十分基礎知識がありますので、まず学んだことをまとめて周りの人に伝えてください。できれば発表の形をとると最もいい勉強になると思います。

そしてこの本で学んだ以下のようなテーマに対して、自分なりの考え方をまとめて、周りの人と話し合ってみてはいかがでしょうか？　まず基礎知識を身につけて、その上で自分で考えていくことは何よりも力になります。また周りの人と議論してみると、実にいろんな考え方があることも実感できると思います。

1）あなたの考える公平性とは？（第2章参照）

何をもって公平だと考えるかは、立場が違えばまったく考えが異なります。パリ協定の中で世界は今世紀後半には排出ゼロを目指すことになりました。そこで「2030年に向けて自分の国や相手の国がどんな削減行動や資金・技術支援をすれば〝公平だ〟と考えられるのか」を、今の国際交渉を象徴する国々に分かれて議論してみましょう。

- 急速に経済成長しており、世界第4位の排出国となったが、1人当たり排出量は先進国の数分の1に過ぎず、まだ極度の貧困や飢餓に苦しむ国民の多いインドはどうするべきなのか？
- 世界第3位の経済大国であるが、2020年までの温暖化対策において消極的な姿勢が国際的に問われた日本はどうするべきなのか？
- 世界第2位の排出国で1人当たりの排出量も多いアメリカはどうするべきなのか？
- 世界第1位の排出国で今後もさらに排出増が見込まれている中国はどうするべきなのか？
- 海面上昇で家を失うなどすでに深刻な温暖化の被害に苦しんでいるが、いまだ排出はほとんどしていない島国連合はどうしたらよいのか？
- 温暖化対策のリーダーを自負する欧州連合はどうするべきなのか？（欧州連合には温暖化対策に熱心な国々と消極的な東欧諸国が混在しており、リーダーシップは一筋縄ではないことに留意）

以上の6つの立場からいくつか選んで、それぞれの国の〝公平〟だと思われる2030年の削減行動と資金・技術支援を考えて発表してみてください。その際には、２０３０年に向けてすでに各国がパリ協定に提出している目標（78ページ参照、くわしくはＵＮＦＣＣＣウェブサイト）を参考にして、皆さんの考える目標を作ってもいいと思います。歴史的排出責任や経済力・技術力の差など、公平性を考える視点（56ページ、１１７ページ参照）はたくさんありますので、第2章、第3章をじっくり読んで考察してくださいね。また、温暖化対策はエネルギー問題ですので、それぞれの国の温暖化対策の背景となるエネルギー事情も考慮してくださいね。お互いの発表を聞いたあとには、今度は相手の国がどうするべきだと思うか、議論して交渉してみましょう。自分を違う国の立場に置くと、考え方が変わるかもしれませんよ。

なお、２０２０年には再び世界各国は国連に２０３０年目標を提出することになっていますから、皆さんの考えた各国のあるべき２０３０年目標を外へ向かって発表するのも、国内の温暖化対策のいい議論に貢献することになると思います！

2）あなたは日本の産業部門の温暖化対策として、排出量取引制度や炭素税の強化などの国主導の「炭素排出にお金がかかる制度」を導入した方が温暖化対策が進むと思うか、それとも産業界の自主的な行動計画がよいか?

第3章をじっくり読んで、「排出量取引制度などの政策を導入するべき派」と、「自主行動計画派」に分かれて、ディベートするのはいかがでしょうか? 自主行動計画派のグループは、経団連のウェブサイト(http://www.keidanren.or.jp/policy/vape.html)で自主行動計画等の考え方を参照するとよいと思います。ディベートの際に大切なのは、相手の言い分に十分に耳を傾けることです。どちらが正しいか、という正解はないものなのです。多様な意見を受け入れ、そこをスタート地点としてぎりぎりの妥協点を探っていく、というのが実社会における温暖化対策の交渉でもあります。その感覚を味わうのもとてもよい社会勉強になると思います!

あなたは低炭素・脱炭素化のために何ができるのか?

その② 今の生活でできることを洗い出してみよう!

せっかくここまで十分に学び、考えてきたのですから、今度はたった今から皆さんが生活の中でできる温暖化対策を洗い出してみましょう。温暖化対策といえば、まずマイバッグやマイ箸を持参したり、電気をこまめに消したり、といったことを思いつくかもしれません。これらは大切な一歩ではありますが、いずれは温室効果ガスをゼロにしなければならないので、もっと桁の違う削減の努力が必要なのです。省エネ設備を取り入れるなど、いったん生活の中に導入すれば省エネが自動的に持続するような、いわば生活の体質を変える温暖化対策を考えていきましょう。

まず家庭の中では、照明を変えることを思いつくと思います。皆さんのご家庭や学校・会社でまだ蛍光灯ならば、皆さん自身が動いてＬＥＤなどの効率の良い照明に変えましょう。温暖化対策は〝行動を起こす〟ことが大事です。何事も行動なくして解決の方向へ向かいませんから、ぜひすぐに動いてみてください！　そして、次々と行動を進化させていきましょう。次に待機電力（リモコンからの指示待ち状態を保つために消費する電力）をなくすために、コンセントを電源タップに変えて、使わないときは主電源を切る体制にしてはいかがでしょうか？　待機電力は家庭からの電力使用量の６％くらいを占めていますから、意外と効果があるのです。また家庭で最も電気を消費しているのは、冷蔵庫、照明、テレビ、エアコンですから、買い替えの時には最新の効率の良いものに変えましょう。冷蔵庫などは２０００年より前に買ったものを最新の省エネ型に変えると、なんと消費する電気は３分の１にまで減るそうです。その他たくさんできることがありますので、省エネルギーセンター（http://www.eccj.or.jp/machine.html）等の情報などを参考に、やれることを洗い出して行動していきましょう！

もう一つ家庭での対策として日本では効果の高いのが、家の断熱化です。断熱とは、字のごとく、熱を断つ、という意味で、断熱化が弱いと、外が暑いと家の中も暑い、外が寒いと中も寒いということになります。意外かもしれませんが、日本の家は断熱性が欧州に比べてはるかに低いのです。夏が蒸し暑い日本では、もともと兼好法師の時代から「家は夏を旨とすべし」の精神で、風通しのよい住宅環境が好まれたせいかもしれません。しかし今は35度以上の猛暑の夏が当たり前の日本ですから、感覚も変えていく必要があります。実は住宅の断熱構造を高めると、日本ではエアコンを買い替えるよりもずっと省エネ効果があるのです。断熱化を進めると、外は寒くても中は暖かい、といった快適な住環境が保たれるので、人の健康にも大いに効果があります。

断熱化のポイントは窓です。欧州ではほとんどの窓が断熱効果の高い素材で二重窓ですが、日本ではまだ熱を伝えやすいアルミサッシが多く、家の内外の熱が窓から逃げてしまう構造です。窓からの熱を逃がさないように、断熱シートを張るとか、内窓を設置したり、改築の際には断熱効果の高い素材の二重窓にすれば、一気に省エネルギーが進むのです。これからさらに温暖化が進んでしまうので、今から住環境を整えていくことは、きたる温暖化への適応にもなります！　他にも住環境でできることはたくさんありますので、全国地球温暖化防止活動推進センター(http://www.jccca.org/)の出している「家庭で取組む節エネガイド」などを参考にして、ぜひ行動を起こしてください。まずこれらが温暖化対策のその①省エネルギー行動となります。

続いては、温暖化対策のその②低炭素・脱炭素エネルギーに変えていく行動です。住宅では屋根に太陽光発電を取り付けることが考えられます。これは初期投資がかかりますが、固定価格買取制度(第3章第3節)がありますので、7〜8年の間に最初に投資した分の元はとれてあとは得になります。また太陽の熱を利用した給湯・冷暖房システムや、家庭用燃料電池(都市ガスから取り出した水素で発電して、電気と温水を供給する装置)を取り付ければ、電気の使用量を減らし、二酸化炭素の排出を抑えることができます。これらも初期投資がかかりますが、自治体によっては補助金などが用意されているので、ぜひチェックしてみましょう。私が講演先で出会った高齢の男性は「私は自宅に家庭用燃料電池を取り付けた。私の葬式費用だと思って投資した。自分の時代の責任として、二酸化炭素の排出は半分にしなければならないからね。これで子どもたちに胸を張れる」と語っていたのが印象的でした。

これらは一軒家だけの話ではありません。今は集合住宅でもこういった省エネルギーや創エネルギーを売りにしているところも増えてきました。こういった集合住宅は、より快適で光熱費がかからないだけではなく、人の健康にもよく、災害時にもより安全なので全国的に人気が高まっているのです。ゼロエネルギーをうたったビルも現れています。こういった〝家の燃費の物差し〟として、「エネルギーパス」(http://www.energy-pass.jp/energypass/)と呼ばれる認証制度があります。部屋を借りたり、マンションを購入する時にも、エネルギーパスを見て、なるべく低燃費住宅を選んでいく、というのも、生活の中でできる効果的な温暖化対策です!

ここに挙げたのはほんの一例です。効果的な温暖化対策を一つ一つ楽しんで実施していきましょう！

あなたは低炭素・脱炭素化のために何かできるのか？

その③ 将来の仕事の中でできることを考えてみよう！

今度は、皆さんが、将来に就く職業や社会の中で、「変化」を起こす役割を考えてみましょう。これからの社会では、地球温暖化問題を避けて通ることはできません。皆さんが今までに勉強して得た知識や知恵を持って社会に出て、温暖化を抑えるための対策を一歩進める役目、すなわち〝変化〟を起こす役目を果たしてください！ 何ができるかは、それぞれの置かれた環境で違ってくると思いますが、進められることは多いと思います。

たとえば、科学者や研究者にとってはますます温暖化関連の研究が増え、省エネルギー技術や低炭素・脱炭素技術の改善や技術革新をさらに求められるでしょう。公務員は温暖化対策をあらゆる政策や措置に取り込んでいく必要があります。製造業に従事するなら、前述したように省エネルギー技術の導入や改善に工夫の余地がたくさんあります。運輸業ならば、より温室効果ガスを排出しない移動手段への移行が必要です。レストランやエンターテイメント施設、学校、病院などでは、建物からの排出削減、および再生可能エネルギーの導入も仕事となるでしょう。金融業は、排出枠の取引などカーボンマーケット関連の仕事が増加するでしょう。皆さんが将来どのような職業に就いたとしても、本業の中で社会に変化を起こしていくことができるのです。

この変化を考えて起こしていくことは、持続可能な社会を作っていく作業です。パリ協定が決まった今、世界が排出ゼロを目指していくという方向性ははっきりしました。省エネルギーや低炭素・脱炭素化は、世界みんなの求めることなのです。つまり皆さんのアイデアや工夫が省エネルギーや低炭素・脱炭素化へつながるものならば、それは世界が求めるものとなり、その商品やアイデアは売れる！ということを意味します。考えただけでもわくわくしませんか？

特に脱炭素化へ向けた主役である再生可能エネルギーは、技術革新の余地が多くあり、電力システムの改革など社会の変革も必要です。皆さんは何に関心があるでしょうか？ ぜひあなたの関心のものを選んで、あなたが将来どんな職業でどんなことができそうか、夢を膨らませて考えてみてください。何事も言葉にすると、実現の可能性がぐっと高まりますので、ぜひアイデアは紙に書いてみてください！　あなたが真剣に学んで、自分の頭で考え、周りと議論して練り上げたアイデアは、大きな力を秘めていると思います。機会をとらえては外へ向かって発表し、いつかぜひ実現させていってくださいね！

おしまいに

ここまで読んでくれた皆さん、ありがとうございました。この本は、21世紀最大のチャレンジといわれる地球温暖化に人類がどのように向き合っていくかを考えてもらうための入門本です。温暖化問題はエネルギー問題ですから、社会のあらゆることに関わり、非常に複雑化して全体像が見えにくくなっています。しかし温暖化とエネルギー問題は、その全体像を把握してこそ、これからの社会の求める価値がわかります。そこでこの本は、日本と世界の未来を担う皆さんが全体像を見通すことができるように願って書きました。この中で説明した温暖化の科学も、国際交渉も、温暖化対策の省エネルギーや低炭素・脱炭素化も、一つ一つ非常に奥がありますから、「面白いな」と思った事柄を、ぜひさらに専門書やインターネットで追究してみてくださいね。人類最大のチャレンジには、様々な創意工夫が求められます。パリ協定に沿って、世界のあちこちでダイナミックにアイデアが出されながら、実践されつつあります。皆さんはどんな創意工夫で社会を動かしていきたいでしょうか？

最後に私がなぜ温暖化とエネルギーに関する政策提言の仕事をするようになったのか、簡単にご紹介します。

私はもともとテレビ局のアナウンサーでしたが、１９９７年に気象予報士の資格を取ったことをきっかけに、天気予報の仕事に変わりました。天気には国境がないので、日本の天気を予報するにも、北極からの冷たい空気や、フィリピン沖からやってくる台風など、世界中に目を向けなければなりません。自然と視点が日本を超えてグローバルに広がってきたのです。そのうちに世界の天気予報番組を担当するようになった私は、世界中で洪水や干ばつなど異常気象が増加していることに気づきました。調べ始めた私は、地球温暖化の影響が世界中に広がり、しかも悪化する一方であることがわかって、非常に危機感を持ったのです。そんな時に地球温暖化を抑えることがビジネスになるという「排出量取引制度」を知って、私はそれが勉強できるアメリカのハーバード大学院に進学しました。２００５年に帰国してからは、ＷＷＦという国際ＮＧＯで今の仕事を始めたのです。国際ＮＧＯとは、１つの国の国益ではなく、地球全体の地球益を考えて社会の変革を働きかける、国際的な非政府組織です。

その1つであるWWFは、森林・海洋・気候変動・エネルギー・野生生物取引等の分野で、世界100か国で活動しており、私のような専門オフィサー5000人を抱えています。それぞれ科学や法律、政治、公共政策、国際関係等の専門家集団です。様々な分野において、国の利益を代表する形の各国の国際交渉を、国際NGOは内からと外からの両方の視点で監視しながら、一国の利益を超えた地球益を追求しています。

私は思うのです。環境保護だけを声高に訴えても世界は変わらない。世界人口は73億人を超え、ますます増え続けています。今はインターネットで瞬時に情報が伝わりますので、アフリカやアジア等の発展途上国の人々もインターネットなどで先進国の快適な暮らしを簡単に目にすることができます。途上国の人々が私たち日本人と同じような快適な生活をしたいと願うのは本当に当然のことなのです。でも世界中の人が日本人と同じ生活をしては、地球の環境はもはや持ちません。ましてや日本などの先進国もさらなる経済成長を欲しているのが現実です。そんな中、どうすればよいのか？　私は「経済成長を求めるのが人の常」という現実を直視して、環境配慮そのものがビジネスになるように社会を変革していくことが大事なのではないかと思っています。つまり、たとえば炭素を排出することには制限がかかる、あるいはお金がかかる、というルールになれば、炭素をなるべく排出しないものを作ることが大きなビジネスになって経済成長につながる、といったことです。

世界には実に多様な考え方を持つ人々がいます。日本にずっと暮らしていると、時に快適さが当たり前となって、世界の多様性を理解するのが非常に困難になることがあります。嵐による洪水で何千人が簡単になくなってしまうアジアやアフリカの途上国の様子がテレビに映し出されても、他人事かもしれません。でもたとえば私たちが当たり前と思っている天気予報、世界には約200か国ありますが、実はそのうち天気予報がまだない国が80か国もあると知ったら、少し驚きませんか？　つまり、台風が2、3日後に来る、ということを私たち日本人は、テレビなどで知って準備することができますが、天気予報がない国ではいきなり当日に嵐に襲われてしまうことになるのです。

多様性を理解するには、世界に飛び出すことが一番です。今はグローバル化された時代ですから、日本にずっといたとしても、世界とのかかわりは避けて通れません。そもそも日本経済を左右するのは世界の経済の動きですから、むしろ積極的に世界と関わっていく方が将来性があると思います！　世界に飛び出したならば、きっと皆さんが当たり前と思って意識もしなかったことがたくさんあることに気づかされるでしょう。たとえば、私たちWWFでは40か国くらいからのオフィサーが国連会議などで一緒に働きますが、私たちの会話は、「あなたはどこの国から来たの?」とは決して聞きません。必ず「あなたはどこをベースにしているの?」と聞きます。なぜならば、たとえ私が日本人の顔をしていても、日本人とは限らないからです。日系のカナダ人かもしれませんし、ブラジル人かもしれません。それが当たり前なのです。もっと言えば、同僚のフィジー出身の女性は、お父さんはオーストラリア人、お母さんがフィジー人で、彼女はまったく白人に見えますが、弟さんはフィジー人に見えます。つまり親子でも兄弟でも人種まで違って見えるのですが、これがごく普通なのです。またインド系の女性の同僚が3人いますが、1人はロンドン在住のインド人、1人は南アフリカ人、そしてもう1人はアメリカ人です。つまり、同じインド系でありながら、1人は途上国、1人は新興国、そしてもう1人は先進国出身ということになります。こういったグローバルな世界に身を置いていると、もはや国益、という言葉が薄れて見えます。私たちは皆、同じ地球を共有する地球人ではないでしょうか?

ぜひ日本を飛び出して世界を体験してみてください! そのパスポートはなんといっても

英語力とコミュニケーション力です。国連の交渉でもビジネスの交渉でも今は英語がすべての基本です。私たちＷＷＦでも、上記の同僚たちとの会話はすべて英語が基本です。たとえば中国人と日本人が英語を使ってコミュニケーションしているのです。英語は単に便利な言葉というだけではありません。世界への窓を開いて、多様な世界を肌で感じさせてくれる場をも提供してくれます。そういった多様性を肌で感じることは、皆さんの人生観をも楽にしてくれることもあると思います。日本だけの価値観ならば、もはや行き詰まったと思うことがあっても、世界の中にはいろんな考え方があり、いくらでも道が開けるからです。私も何度も救われた経験があります。英語は必ずしも流暢である必要はなく、伝わる英語であればいいのです。英語の勉強の途上でもどんどん世界とコミュニケーションしてください。目からうろこが落ちるような経験を幾度もあなたにもたらしてくれると思います。

地球温暖化とエネルギーをめぐる本でありながら、英語とコミュニケーションの勧めで終わるのはおかしいのですが、私はグローバルな地球環境問題の解決のためには、世界が多様であることを肌身で理解する人が増えていくことが最も大切ではないかと信じています。柔軟な考え方を持ち、オープンな姿勢で、自分とは異なる考え方の人と率直な意見交換ができる人が増えることで、社会の変革が加速されていくでしょう。
地球温暖化に立ち向かうのは、本当に壮大なチャレンジです。でも私は先に大いなる希望を感じます。世界の国々は国益という名の争いを繰り広げていますが、それでもパリ協定で、2度未満を目指して今世紀後半に排出をゼロにする、という非常にチャレンジングな目標を持つことに合意したのです！　これは本当に世界の国々が最終的には地球益も考えている、という良心を感じさせる出来事でした。地球は今生きている私たちのものだけではないですものね。これから誕生する将来世代も共有していく地球を、皆さんも一緒に、過去、現在、将来にわたって共有している、という感覚を持ってくだされば嬉しいなと思います。

これからはパリ協定を実現するための低炭素競争に入っていきます。2015年末のパリCOP21では196か国の政府代表団だけではなく、世界から企業や自治体、投資家などが集まって、低炭素・脱炭素へ向けたアクションプランを発表しました。有名な投資家が低炭素技術に何十億ドルというお金を投資すると約束したり、世界の都市が再生可能エネルギー

１００％都市となることを宣言したり、いずれ排出をゼロにするといった科学に基づいた削減行動を約束する著名企業の集団声明もありました。今世界を動かす最も中心にいる人たちが、低炭素・脱炭素行動に意欲を燃やしているのです。皆さんもこの将来性のある低炭素競争に参加しませんか？　そこに向かって世界のお金が動き、人が集まり、技術が進み、ダイナミックに社会が変わりつつあります。ぜひ地球益を見据えた地球人として、皆さんも参加してください！

なお、国際交渉や温暖化対策は刻一刻と進化しています。最新情報はＷＷＦウェブサイトに掲載していきますので、ぜひ続けて関心を持ってフォローしてくださいね！

https://www.wwf.or.jp/

この本の執筆にあたっては多くの方々のサポートをいただきました。第１章では、リモート・センシング技術センター参与の近藤洋輝先生、日本気象予報士会の酒井重典顧問、そして第３章、第４章の省エネルギーでは産業技術総合研究所の歌川学主任研究員が丁寧に見てアドバイスをくださいました。ＷＷＦ気候変動・エネルギーグループの池原庸介さん、市川大悟さん、中でもリーダーの山岸尚之さんは、高度な専門知識からだけではなく、全般にわたって難解な内容をわかりやすくするための呻吟の過程で一緒に考えてくれて、心から感謝いたします。また構成から何度も打ち合わせの労をお取り下さった岩波書店の山本慎一さんにお礼申し上げます。

小西雅子

さらなる勉強にお勧めの文献とウェブサイト

第1章

- IPCC（気候変動に関する政府間パネル）（2013―2014）第5次評価報告書　環境省等和訳
- 環境省　STOP THE 温暖化2015パンフレット
- 鬼頭昭雄（2015）『異常気象と地球温暖化――未来に何が待っているか』岩波新書

第2章

- UNFCCC（国連気候変動枠組条約）ウェブサイト
- JCCCA（全国地球温暖化防止活動推進センター）ウェブサイト
- 小西雅子（2009）『地球温暖化の最前線』岩波ジュニア新書

第3章

- 歌川学（2015）『スマート省エネ――低炭素エネルギー社会への転換』リーダーズノート出版
- 気候ネットワーク（2012）「日本経団連「環境自主行動計画」の評価」
- 大坂恵里（2014）「10 地球温暖化防止に関する産業界の自主的取組」『環境と契約――日仏の視線

の交錯』成文堂
・経済産業省 資源エネルギー庁（2015）「エネルギー白書」
・西岡秀三（2011）『低炭素社会のデザイン――ゼロ排出は可能か』岩波新書
・WWF（2011、2013）「脱炭素社会に向けたエネルギーシナリオ提案」

第4章

・槌屋治紀（2013）『これからのエネルギー』岩波ジュニア新書
・レスター・ブラウン、枝廣淳子（2016）『データでわかる 世界と日本のエネルギー大転換』岩波ブックレット
・経済産業省 自然エネルギー庁 なっとく！再生可能エネルギー ウェブサイト
・自然エネルギー財団 ウェブサイト

小西雅子
WWF ジャパン専門ディレクター(環境・エネルギー).
昭和女子大学特命教授. 博士(公共政策学・法政大), ハーバード大修士. 中部日本放送アナウンサーを経て,
1997 年気象予報士取得, 2002 年国際気象フェスティバル「気象キャスターグランプリ」受賞. 民間気象会社を経て, 2005 年 9 月 WWF ジャパン入局. 専門は環境科学・政治学・経済学を内包する公共政策学, 特に気候変動に関する国連交渉と環境・エネルギー政策に詳しい.
環境省中央環境審議会委員など公職多数. 著書『地球温暖化の最前線』(岩波ジュニア新書)など多数.

地球温暖化は解決できるのか
—パリ協定から未来へ!　　岩波ジュニア新書 837

2016 年 7 月 20 日　第 1 刷発行
2021 年 7 月 15 日　第 8 刷発行

著　者　小西雅子(こにしまさこ)

発行者　坂本政謙

発行所　株式会社 岩波書店
〒101-8002 東京都千代田区一ツ橋 2-5-5
案内 03-5210-4000　営業部 03-5210-4111
ジュニア新書編集部 03-5210-4065
https://www.iwanami.co.jp/

印刷・精興社　製本・中永製本

ISBN 978-4-00-500837-7　　Printed in Japan

岩波ジュニア新書の発足に際して

きみたち若い世代は人生の出発点に立っています。きみたちの未来は大きな可能性に満ち、陽春の日のようにひかり輝いています。勉学に体力づくりに、明るくはつらつとした日々を送っていることでしょう。

しかしながら、現代の社会は、また、さまざまな矛盾をはらんでいます。営々として築かれた人類の歴史のなかで、幾千億の先達（せんだつ）たちの英知と努力によって、未知が究明され、人類の進歩がもたらされ、大きく文化として蓄積されてきました。にもかかわらず現代は、核戦争による人類絶滅の危機、貧富の差をはじめとするさまざまな人間的不平等、社会と科学の発展が一方においてもたらした環境の破壊、エネルギーや食糧問題の不安等々、来るべき二十一世紀を前にして、解決を迫られているたくさんの大きな課題がひしめいています。現実の世界はきわめて厳しく、人類の平和と発展のためには、きみたちの新しい英知と真摯（しんし）な努力が切実に必要とされています。

きみたちの前途には、こうした人類の明日の運命が託されています。ですから、たとえば現在の学校で生じているささいな「学力」の差、あるいは家庭環境などによる条件の違いにとらわれて、自分の将来を見限ったりはしないでほしいと思います。個々人の能力とか才能は、いつどこで開花するか計り知れないものがありますし、努力と鍛練の積み重ねの上にこそ切り開かれるものですから、簡単に可能性を放棄したり、容易に「現実」と妥協したりすることのないようにと願っています。

わたしたちは、これから人生を歩むきみたちが、生きることのほんとうの意味を問い、大きく明日をひらくことを心から期待して、ここに新たに岩波ジュニア新書を創刊します。現実に立ち向かうために必要とする知性、豊かな感性と想像力を、きみたちが自らのなかに育てるのに役立ててもらえるよう、すぐれた執筆者による適切な話題を、豊富な写真や挿絵とともに書き下ろしで提供します。若い世代の良き話し相手として、このシリーズを注目してください。わたしたちもまた、きみたちの明日に刮目（かつもく）しています。（一九七九年六月）

856 敗北を力に！ 甲子園の敗者たち 元永知宏 著

甲子園での敗北は、選手のその後の人生にどんな影響を与えたのか？ 激闘を演じ、最後に敗れた甲子園球児の「その後」を追う。

857 世界に通じるマナーとコミュニケーション ―つながる心、英語は翼― 横手尚子 横山カズ 著

マナーの基本5原則、敬語の使い方、気持ちを伝える英語など、国際化時代に必要な、実践で役立つマナーの基本を紹介します。

858 漱石先生の手紙が教えてくれたこと 小山慶太 著

漱石の書き残した手紙は、小説とは違った感慨を読む者に与える。綴られる励まし、ユーモアは、今を生きる人にもエールとなるだろう。

859 マンボウのひみつ 澤井悦郎 著

光る、すぐ死ぬ、人を助けた、3億個産卵……数々の噂は本当か？ 捨身の若きハカセによって、怪魚の正体が、いま明らかに――。 ［カラー頁多数］

860 自分のことがわかる本 ―ポジティブ・アプローチで描く未来― 安部博枝 著

「自分の強み」を見つける自分発見シートや「なりたい自分」に近づくプランシートなど実践的なワークを通して未来を描く自己発見マニュアル。

861 農学が世界を救う！ ―食料・生命・環境をめぐる科学の挑戦― 生源寺眞一 太田寛行 安田弘法 編著

くらしを豊かにし、自然環境を保全し、生き物たちの役に立つ――。地球全体から顕微鏡で見る世界まで、農学には可能性と夢がある！

862 私、日本に住んでいます スベンドリニ・カクチ 著

日本に住む様々な外国人を紹介します。彼らはなぜ日本に住み、どんな生活をしているのでしょう？ 多文化共生のあり方を考えるヒント。

863 短歌は最強アイテム ―高校生活の悩みに効きます― 千葉聡 著

熱血教師で歌人の著者が、現代短歌を通じて学校生活の様子や揺れ動く生徒たちの心模様を描く青春短歌エッセイ。短歌を通じて、高校生にエールを送る。

864 榎本武揚と明治維新
—旧幕臣の描いた近代化
黒瀧秀久
幕末・明治の激動期に「蝦夷共和国」を夢見て戦い、その後、日本の近代化に大きな役割を果たした榎本の波乱に満ちた生涯。

865 はじめての研究レポート作成術
沼崎一郎
図書館とインターネットから入手できる資料を用いた研究レポート作成術を、初心者にもわかるように丁寧に解説。

866 その情報、本当ですか？
—ネット時代のニュースの読み解き方
塚田祐之
ネットやテレビの膨大な情報から「真実」を読み取るにはどうすればよいのか。若い世代のための情報リテラシー入門。

867 〈知の航海〉シリーズ
ロボットが家にやってきたら…
—人間とAIの未来
遠藤　薫
身近になったお掃除ロボット、ドローン、AI家電…。ロボットは私たちの生活をどう変えるのだろうか。

868 司法の現場で働きたい！
—弁護士・裁判官・検察官
打越さく良
佐藤倫子 編
13人の法律家(弁護士・裁判官・検察官)たちが、今の職業をめざした理由、仕事の面白さや意義を語った一冊。

869 生物学の基礎はことわざにあり
—カエルの子はカエル？ トンビがタカを生む？
杉本正信
動物の生態や人の健康、遺伝や進化、そして生物多様性まで、ことわざや成句を入り口に生物学を楽しく学ぼう！

870 覚えておきたい 基本英会話フレーズ130 小池直己
基本単語を連ねたイディオムや慣用的フレーズを厳選して解説。ロングセラー『英会話の基本表現100話』の改訂版。

871 リベラルアーツの学び ―理系的思考のすすめ 芳沢光雄
分野の垣根を越えて幅広い知識を身につけるリベラルアーツ。様々な視点から考える力を育む教育の意義を語る。

872 世界の海へ、シャチを追え！ 水口博也
深い家族愛で結ばれた海の王者の、意外な素顔。写真家の著者が、臨場感あふれる美しい文章でつづる。　［カラー口絵16頁］

873 台湾の若者を知りたい 水野俊平
若者たちの学校生活、受験戦争、兵役、就活……、3年以上にわたる現地取材を重ねて知った意外な日常生活。

874 男女平等はどこまで進んだか ―女性差別撤廃条約から考える 山下泰子・矢澤澄子監修／国際女性の地位協会 編
女性差別撤廃条約の理念と内容を、身近なテーマを入り口に優しく解説。同時に日本の課題を明らかにします。

875 〈知の航海〉シリーズ 知の古典は誘惑する 小島毅 編著
長く読み継がれてきた古今東西の作品を紹介。古典は今を生きる私たちに何を語りかけてくれるでしょうか？

877・876
数学を嫌いにならないで
基本のおさらい篇
文章題にいどむ篇
ダニカ・マッケラー
菅野仁子 訳

数学が嫌い？ あきらめるのはまだ早い。この本を読めばバラ色の人生が開けるかもしれません。アメリカの人気女優ダニカ先生が教えるとっておきの勉強法。苦手なところを全部きれいに片付けてしまいましょう。いつのまにか数学が得意になります！

878
10代に語る平成史
後藤謙次

消費税の導入、バブル経済の終焉、テロとの戦い…、激動の30年をベテラン政治ジャーナリストがわかりやすく解説します。

879
アンネ・フランクに会いに行く
谷口長世

ナチ収容所で短い生涯を終えたアンネ・フランク。アンネが生き抜いた時代を巡る旅を通して平和の意味を考えます。

880
核兵器はなくせる
川崎 哲

ノーベル平和賞を受賞したＩＣＡＮの中心にいて、核兵器廃絶に奔走する著者が、核の現状や今後について熱く語る。

881
不登校でも大丈夫
末富 晶

「学校に行かない人生＝不幸」ではなく、「幸福な人生につながる必要な時間だった」と自らの経験をふまえ語りかける。

882 40億年、いのちの旅　伊藤明夫
40億年に及ぶとされる、生命の歴史。それをひもときながら、私たちの来た道と、これから行く道を、探ってみましょう。

883 生きづらい明治社会 ―不安と競争の時代　松沢裕作
近代化への道を歩み始めた明治とは、人々にとってどんな時代だったのか？　不安と競争をキーワードに明治社会を読み解く。

884 居場所がほしい ―不登校生だったボクの今　浅見直輝
中学時代に不登校を経験した著者。マイナスに語られがちな「不登校」を人生のチャンスととらえ、当事者とともに今を生きる。

885 香りと歴史　7つの物語　渡辺昌宏
玄宗皇帝が涙した楊貴妃の香り、織田信長が切望した蘭奢待など、歴史を動かした香りをめぐる物語を紹介します。

886 〈超・多国籍学校〉は今日もにぎやか！ ―多文化共生って何だろう　菊池　聡
外国につながる子どもたちが多く通う公立小学校。長く国際教室を担当した著者が語る、これからの多文化共生のあり方。

889 めんそーれ！化学 ―おばあと学んだ理科授業　盛口　満
料理や石けんづくりで、化学を楽しもう。戦争で学校へ行けなかったおばあたちが学ぶ教室へ、めんそーれ(いらっしゃい)！

888・887
数学と恋に落ちて
未知数に親しむ篇
方程式を極める篇
ダニカ・マッケラー
菅野仁子訳

将来、どんな道に進むにせよ、数学はあなたに力と自由を与えます。数学を研究し、女優としても活躍したダニカ先生があなたの夢をサポートする数学入門書の第二弾。式の変形や関数のグラフなど、方程式でつまずきやすいところを一気におさらい。

890
情熱でたどるスペイン史
池上俊一

長い年月をイスラームとキリスト教が影響しあって生まれた、ヨーロッパの「異郷」。衝突と融和の歴史とは？（カラー口絵8頁）

891
不便益のススメ
―新しいデザインを求めて
川上浩司

効率化や自動化の真逆にある「不便益」という新しい思想・指針を、具体的なデザイン、モノ・コトを通して紹介する。

892
ものがたり西洋音楽史
近藤　譲

中世から20世紀のモダニズムまで、作曲家や作品、演奏法や作曲法、音楽についての考え方の変遷をたどる。

893
「空気」を読んでも従わない
―生き苦しさからラクになる
鴻上尚史

どうしてこんなに周りの視線が気になるの？どうして「空気」を読まないといけないの？その生き苦しさの正体について書きました。

894 内戦の地に生きる ―フォトグラファーが見た「いのち」 橋本　昇
母の胸を無心に吸う赤ん坊、自爆攻撃した息子の遺影を抱える父親…。戦場を撮り続けた写真家が生きることの意味を問う。

895 ひとりで、考える ―哲学する習慣を 小島俊明
主体的な学び、探求的学びが重視されているなか、フランスの事例を紹介しながら「考える」について論じます。

896 「カルト」はすぐ隣に ―オウムに引き寄せられた若者たち 江川紹子
オウムを長年取材してきた著者が、若い世代に向けて事実を伝えつつ、カルト集団に人生を奪われない生き方を説く。

897 答えは本の中に隠れている 岩波ジュニア新書編集部編
悩みや迷いが尽きない10代。そんな彼らに、個性豊かな12人が、希望や生きる上でのヒントが満載の答えを本を通してアドバイス。

898 ポジティブになれる英語名言101 小池直己 佐藤誠司
プラス思考の名言やことわざで基礎的な文法を学ぶ英語入門。日常の中で使える慣用表現やイディオムが自然に身につく名言集。

899 クマムシ調査隊、南極を行く！ 鈴木　忠
白夜の夏、生物学者が見た南極の自然とは？ 笑いあり、涙あり、観測隊の日常がオモシロい！〈図版多数・カラー口絵8頁〉

900 男子が10代のうちに考えておきたいこと 田中俊之
男らしさって何？ 性別でなぜ期待される生き方や役割が違うの？ 悩む10代に男性学の視点から新しい生き方をアドバイス。

901 カガク力を強くする！ 元村有希子
疑い、調べ、考え、判断する力＝カガク力！ 科学・技術の進歩が著しい現代だからこそ、一人一人が身に着ける必要性と意味を説く。

902 世界の神話 沖田瑞穂
個性豊かな神々が今も私たちを魅了する聖なる物語・神話。世界各地に伝わる神話のエッセンスを凝縮した宝石箱のような一冊。

903 「ハッピーな部活」のつくり方 中澤篤史 内田良
長時間練習、勝利至上主義など、実際の活動から問題点をあぶり出し、今後に続くあり方を提案。「部活の参考書」となる一冊。

904 ストライカーを科学する ―サッカーは南米に学べ！ 松原良香
南米サッカーに精通した著者が、現役南米代表などへの取材をもとに分析。決定力不足を克服し世界で勝つための道を提言。

905 15歳、まだ道の途中 高原史朗
「悩み」も「笑い」もてんこ盛り。そんな中学三年の一年間を、15歳たちの目を通して瑞々しく描いたジュニア新書初の物語。

906 レギュラーになれないきみへ

元永知宏

スター選手の陰にいる「補欠」選手たち。果たして彼らの思いとは？ 控え選手たちの姿を通して「補欠の力」を探ります。

907 俳 句 を 楽 し む

佐藤郁良

句の鑑賞方法から句会の進め方まで、季語や文法の説明を挟み、ていねいに解説。句作の楽しさ・味わい方を伝える一冊。

908 発達障害 思春期からのライフスキル

平岩幹男

「今のうまくいかない状況」をどうすれば「何とかなる状況」に変えられるのか。専門家がそのトレーニング法をアドバイス。

909 ものがたり日本音楽史

徳丸吉彦

縄文の素朴な楽器から、雅楽・能楽・歌舞伎・文楽、現代邦楽…日本音楽と日本史の流れがわかる、コンパクトで濃厚な一冊！

910 ボランティアをやりたい！
―高校生ボランティア・アワードに集まれ

風に立つライオン基金編
さだまさし

「誰かの役に立ちたい！」 各地でボランティアを行っている高校生たちのアイディアに満ちた力強い活動を紹介します。

911 オリンピック・パラリンピックを学ぶ

後藤光将編著

オリンピックが「平和の祭典」と言われるのはなぜ？ オリンピック・パラリンピックの基礎知識。

912 新・大学でなにを学ぶか
上田紀行 編著
大学では何をどのように学ぶのか？ 池上彰氏をはじめリベラルアーツ教育に携わる気鋭の大学教員たちからのメッセージ。

913 統計学をめぐる散歩道
―ツキは続く？ 続かない？
石黒真木夫
天気予報や選挙の当選確率、くじの当たり外れやじゃんけんの勝敗などから、統計のしくみをのぞいてみよう。

914 読解力を身につける
村上慎一
評論文、実用的な文章、資料やグラフ、文学的な文章の読み方を解説。名著『なぜ国語を学ぶのか』の著者による国語入門。

915 きみのまちに未来はあるか？
―「根っこ」から地域をつくる
除本理史
佐無田光
地域の宝物＝「根っこ」と自覚した住民によるまちづくりが活発化している。各地の事例から、未来へ続く地域の在り方を提案。

916 博士の愛したジミな昆虫
金子修治
鈴木紀之 編著
安田弘法
SFみたいなびっくり生態、生物たちの複雑怪奇なからみ合い。その謎を解いていくワクワクを、昆虫博士たちが熱く語る！

917 有権者って誰？
藪野祐三
あなたはどのタイプの有権者ですか？ 社会に参加するツールとしての選挙のしくみや意義をわかりやすく解説します。

918 議会制民主主義の活かし方 ―未来を選ぶために 糠塚康江

私達は忘れている。未来は選べるということを。必要なのは議会制民主主義を理解し、使いこなす力を持つこと、と著者は説く。

919 繊細すぎてしんどいあなたへ HSP相談室 串崎真志

繊細すぎる性格を長所としていかに活かすかをアドバイス。「繊細でよかった！」読後にそう思えてくる一冊。

920 10代から考える生き方選び 竹信三恵子

10代にとって最適な人生の選択とは？ 各選択肢が孕むメリットやリスクを俯瞰しながら、生き延びる方法をアドバイスする。

921 一人で思う、二人で語る、みんなで考える ―実践！ ロジコミ・メソッド 追手門学院大学成熟社会研究所 編

課題解決に役立つアクティブラーニングの道具箱。多様な意見の中から結論を導くロジカルコミュニケーションの方法を解説。

922 できちゃいました！ フツーの学校 富士晴英とゆかいな仲間たち

生徒の自己肯定感を高め、主体的に学ぶ場を作ろう。校長からのメッセージは「失敗ＯＫ！」「さあ、やってみよう」

923 こころと身体の心理学 山口真美

金縛り、夢、絶対音感――。様々な事例をもとに第一線の科学者が自身の病とも向き合って解説した、今を生きるための身体論。

924 過労死しない働き方
—働くリアルを考える
川人 博
過労死や過労自殺に追い込まれる若い人を、どうしたら救えるのか。よりよい働き方・職場のあり方を実例をもとに提案する。

925 障害者とともに働く
藤井克徳
星川安之
「障害のある人の労働」をテーマに様々な企業の事例を紹介。誰もが安心して働ける社会のあり方を考えます。

926 人は見た目！と言うけれど
—私の顔で、自分らしく
外川浩子
見た目が気になる、すべての人へ！「見た目問題」当事者たちの体験などさまざまな視点から、見た目と生き方を問いなおす。

927 地域学をはじめよう
山下祐介
地域固有の歴史や文化等を知ることで、自分・社会・未来が見えてくる。時間と空間を往来しながら、地域学の魅力を伝える。

928 自分を励ます英語名言101
小池直己
佐藤誠司
自分に勇気を与え、励ましてくれるさまざまな先人たちの名句名言に触れながら、自然に英文法の知識が身につく英語学習入門。

929 女の子はどう生きるか
—教えて、上野先生！
上野千鶴子
女の子たちが日常的に抱く疑問やモヤモヤに、上野先生が全力で答えます。自分らしい選択をする力を身につけるための1冊。